天下文化
BELIEVE IN READING

Google
Analytics

指尖下的大數據

運用 Google Analytics
發掘行動裝置裡的無限商機

鄭江宇、曾瀚平 著

CONTENTS 目次

推薦序

抓住顧客的心

鴻海／富士康科技集團總裁

郭台銘

　　談商業經營，創造持續性的成功，祕訣無他，唯有抓住顧客的心。

　　怎麼牢牢抓住顧客的心，對於經營者來說，來自兩項必須的競爭力：領先的產品與卓越的營運。掌握這兩項競爭力，對於客戶來說，猶如形成強大的磁吸力，形成緊密的商業默契，創造商業成功。擁有這兩項必須的競爭力，是經營團隊挖掘問題與提出解決方案的體現。透過各種角度的問題挖掘，不管對於產品開發以及研發技術的投入方向，精準的在正確的時機，將企業成本投入效益極大化，針對問題即時提出解決方案，則是考驗企業的營運以及執行力，務求迅速回應客戶，滿足市場需求。

　　行動網路科技是現代商業經營的新興媒介領域，藉由行動網路帶來巨量資訊特性，擴大延伸與顧客的貼近機會，得以讓小至個體網站 APP 服務商，大至首屈一指的世界級企業，加速挖掘問題與提出解決方案。欣聞東吳大學團隊鄭江宇教授與曾瀚平撰寫《指尖下的大數據》這本書，對於經營 APP 平台的實戰與心法層面，有詳盡而獨到的見解，切合鴻海科技集團近年來以「雲移物大智網」積極面向轉型的大戰略。書中更針對未來的行動流量分析，為智能生活範疇的行動流量分析場景進行演繹，十分精采。

　　對於經營 APP 平台或者是世界級企業來說，體認巨量行動流量資訊是戰略資源並善加利用，除了是 21 世紀必須理解的經營奧義，卻仍然呼應著恆常不變的商道：「抓住顧客的心」。

第 1 章

指尖下的世界

從行動流量分析
看未來趨勢

指尖與行動裝置間的互動其來有自，約略可從2007年蘋果公司發表第一代智慧型手機談起，當年iPhone教大家用酷炫且直觀的「滑」來操作介面，暗喻人們原來所慣用的傳統按鍵式手機有多麼不便操作，自此「指尖運動」開始在全球社會蔚為風潮。到了2016年，這種透過手指來使用行動裝置的行為看似再平常不過，過程也成為人類「需求表達」與「需求滿足」的重要演進：

◆ 50年代

人們透過接線生來表達通話的需求，接線生則透過電話轉接服務來滿足此項需求。

◆ 80年代

人們期盼可以跨越室內電話的藩籬，即使身處室外也能隨心所欲使用電話來與他人溝通，此時可攜式行動電話問市，滿足了無線通話的需求。

◆ 90年代起

人們希望行動電話能滿足更多行動應用的需求，所以2G、3G、4G行動網路接續扮演起需求滿足者的角色。

指尖運動與生活

上述這些演進，說明了「需求重視」與「需求滿足」的重要性，畢竟顧客或使用者想要的並非是商品或服務本身，而是商品或服務如何協助他們解決問題。對許多國家而言，人手一支智慧型手機早已不是什麼新鮮事，我們反而要了解，那些被持有的智慧型手機，其實是一種需求放大器（demand amplifier）。使用者透過指尖來提出各種需求，而需求滿足者就必須設法在最短時間內做出回應。

倘若你認同這樣的說法，就不妨回想人們每天透過指尖與智慧型手機互動的頻率有多少。假如真能把指尖與行動裝置間的互動次數加以統計，答案想必會很驚人。沒錯！這個答案所計算出來的數字有多大，你的指尖機會就有多大！舉凡食、衣、住、行、育、樂，指尖運動的熱潮隨處可見。

以「食」為例，你是否曾在外食時擔心誤踩地雷，進而透過智慧型手機查詢周邊美食評論呢？你是否曾在母親節當天利用平板電腦查詢食譜，試圖烹飪美味大餐來慰勞辛苦的媽媽呢？而「衣」的部分，當你在服飾賣場閒逛時，是否曾被店內張貼的QR Code所吸引，立馬開啟智慧型手機用條碼掃描程式

來響應促銷活動呢？至於「住」的方面，如果你是在外求學的學子或辛苦工作的上班族，對租屋服務APP應該再熟悉不過了吧？又如果你已經到了適婚年齡，是否曾透過房地產仲介服務APP來尋找愛的小窩呢？

對分秒必爭的你來說，想必對高鐵訂票APP也不陌生。訂票、信用卡結帳、QR Code電子驗票，僅僅三步驟就能讓乘客享有「行」的便利。每當使用者遇到疑難雜症時，Google大神儼然成為人們共同膜拜的知識提供者，把Google視為稱職的教「育」家一點也不為過。搭乘捷運或其他大眾運輸工具時，Candy Crush或其他遊戲，就會是你最佳的娛「樂」夥伴。

還有其他相關應用嗎？答案是肯定的。指尖應用的實例不勝枚舉，指尖機會就存在於滿足各種指尖運動的需求之中。

巨需求滿足vs微需求滿足

弔詭的是，即使許多企業試圖將過去實體或網站經營模式，轉換至行動營運模式，多數仍是以失敗收場。對於營利機構而言，行動營運模式轉型失敗，不但無法獲利，甚至連最基本的損益平衡都無法達成。對於非營利機構來說，行動營運情

況不理想，不但難以廣泛傳播經營理念，也無法爭取更多群眾支持。到底是什麼關鍵因素，才會導致這樣的結果呢？恐怕是因為，他們忽略了需求的必要性與充分性。

關於上述的「需求表達與滿足演進」或是「食衣住行育樂實例」，充其量都只能視為廣泛且具一般性的巨需求滿足（Macro Demand Fulfillment, MADF），例如，為了順應民眾對於「食」的需求，相關業者開發了美食專用的 APP。這些 APP 不但在指尖需求演進上貢獻一份心力，更在指尖應用上扮演重要的骨架角色，如果缺乏其所提供的美食搜尋與評論功能，民眾的指尖與舌尖需求就無法同時被滿足，諸如此類的指尖潮流也將無法實現，因此 MADF 可視為是指尖運動成功的必要條件。然而，MADF 雖有其必要性，但即使具備也未必能夠成功，這或許可以解釋，為什麼同樣是經營美食 APP，業者 A 能夠從 APP 上獲得經營效益，但業者 B 卻經營慘淡、黯然退場。

要怎麼樣才能在眾多同類型應用中脫穎而出呢？你必須做的就是差異化，而且是領先市場的差異化，不是當一個跟隨者。無論是功能上的差異化或操作介面上的差異化，都能讓你的 APP 顯得更與眾不同，這就是滿足微需求（Micro Demand Fulfillment, MIDF）的概念。MIDF 泛指建立在 MADF 之下，任

何具體且特定的需求滿足，是指尖運動成功的充分條件。

再次以上述的A、B業者為例，前者因善用指尖流量分析工具來探查使用者與APP的互動情況，藉此具體得知使用者的特定需求（發現多數使用者在週五下班前頻繁蒐集美食資訊），進而提出有效的因應策略（推薦公司附近美食商家並提供小週末專屬優惠）；後者卻是以較為盲從的方式，僅僅將開發完成的美食APP上架，卻忽略指尖數據可以提供使用者與APP互動的重要線索。現在答案揭曉了！MADF與MIDF在指尖運動中都扮演著極為重要的角色，然而MIDF的重要性卻遠大於MADF。

讓我們再次回顧「需求表達與滿足演進」與「食衣住行育樂實例」，如果把兩者用數學乘法來表達，即「需求表達與滿足演進」×「食衣住行育樂案例」，這樣的指尖機會有多大呢？如圖表1-1所示，在全民指尖運動的時代裡，忽視指尖需求，就等於忽視指尖機會。聰明的你，趕緊設法找出MIDF的最佳解決方案吧！

圖表 1-1 指尖運動沿革與指尖機會

指尖分析勢不可當

自2016年起，許多市調公司不約而同指出：行動裝置的連網流量即將超越桌上型電腦的連網流量。試想，你是否愈來愈少使用桌機上網了呢？或者，你是否對下面的情形感到熟悉呢？睡前躺在床上，手指忍不住對著手機滑呀滑，一睡醒就把手機打開，趕著把過去幾個小時遺漏的訊息給補上……

過去，手機的用途很單純，就是拿來當成溝通的媒介，舉凡打電話或傳簡訊，平常根本不會花太多時間在手機上。到了現在，情勢已經漸漸轉變，智慧型手機掀起了一股熱潮，各手機大廠針鋒相對，不斷推陳出新。手機功能也日新月異，除了打電話或傳簡訊等基礎功能外，甚至還可以拿來當成遊戲機、記事本、或是相機來使用，達到一機多用的境界。

加上行動網路普及，讓網路可以隨身帶著走，享受行動生活所帶來的便利，遇到問題或想要查詢相關資訊時，只要「滑一滑」就可以立即解決。從前消費者坐在家中電腦桌前購物，或是看著電視購物頻道以電話下單，現在卻只需要輕輕一滑，隨時隨地都可以用行動裝置享受購物的快感。許多網路購物商店甚至還為行動裝置，量身打造專屬的行動版操作介面，給與

消費者最好的指尖購物體驗。

看到這裡，如果你不斷點頭認同的話，那就別再等待，早點認清未來主戰場是發生在「指尖」而非「滑鼠」。趕緊把握行動流量超越桌機流量的黃金交叉盛事，時時刻刻牢記MIDF思維，在任何可以接觸到的指尖應用上，記錄滑動過程中所發生的每一個行為。這些累積下來的使用者行為，經由轉化所產生的指尖數據量雖然不可勝數，卻可從中挖掘出富有參考價值的數據，這就是「指尖下的大數據」，一個我們都無法忽視的突破性新理念、新作為！

行動裝置滿天下，指尖接觸點無所不在

智慧型手機普及時代

行動應用究竟有多夯，MIDF到底有多重要，姑且先看看以下的例子。故事主角是一位再平凡也不過的大學生，他不免俗參加了年底台北101的跨年煙火盛會：

回想起跨年夜那晚，皎潔月光照亮台北街頭，像

是在告知人們準備迎接美好的明天，人潮聚集在著名地標台北101底下，非常有耐心的等待這一年一度的煙火秀，而我當然也不例外。滾燙的血液在身體裡沸騰著，抱著年輕人該有的熱情，就算整個大半天都在為了準備期末考而筋疲力盡，三五好友仍然與舞台上的主持人齊聲倒數，見證新的一年到來。

3！2！1！煙火聲震耳欲聾，在場所有觀眾不約而同拿出智慧型手機，開啟錄影功能，趕緊記錄下這令人難忘的畫面，手機螢幕所發出的亮光猶如星空般倒映在地表上。當我正在享受視覺效果，體會現場氣氛時，朋友拍拍我的肩膀說：「難得這麼近觀賞101煙火耶，來張合照吧！」這時，我拿起手機開啟自拍模式，馬上跟他來一張合照，答應他晚點再把照片LINE給他。煙火表演結束後，朋友帶我去一家網路人氣爆紅的火鍋店吃消夜，說這家店是他剛剛用手機搜尋附近美食查詢到的。

在火鍋店閒話家常的過程中，朋友打開目前大學生正夯的交友行動應用程式Dcard，跟我炫耀抽卡把妹的戰績，隨後他還試玩了另一款最近頗為熱門的手

機遊戲給我看。在大快朵頤後，我們終於甘願拖著疲憊的身軀準備返家。在回家路上，我一個人走在冷冷大街，拿起手機戴上耳機打開慣用的網路音樂串流服務，隨著音符旋律，不知不覺已經回到家門口。我緩緩走進家中，先用手機設定了隔天的鬧鐘，打算早起繼續準備期末考，接著往床上一倒，把今晚的煙火照片 LINE 給朋友，還在 Instagram 發文寫下今晚的跨年心得，結束了疲憊卻又充實的一天。

上述內容雖然發生在跨年夜當晚，你可能也未曾參與過煙火盛會，但相信你對故事中所提到的行動裝置相關應用，應該不會感到陌生。你大概也曾使用手機鏡頭來記錄生活中的美好時刻，或是使用通訊軟體頻繁與他人交談或傳送照片。

可能覺得智慧型手機已經是生活上不可或缺的良伴，平時不但扮演稱職的管家角色叫你起床，更在有需要的時候開金嗓唱歌給你聽；遇到任何知識瓶頸，只要動動指尖，就會立即為你填補知識缺口，一刻也不怠慢。更重要的是，還能扮演交際上的得力助手，無論是死黨或點頭之交，社群網路關係建立通通幫你搞定。

在不知不覺中，手機已經變成眾人的生活伴侶，食、衣、住、行、育、樂，樣樣都脫離不了智慧型手機的使用。用社群軟體和朋友聊天，上YouTube觀看今日最熱門影片，用kkbox聽音樂，用購物APP買東西，有時候甚至只是毫無目的拿出來看一看，就像是滑個安全感似的，無時無刻不與我們的生活緊密結合。另一個讓人印象深刻的場景，是發生在表演活動上，只要台上主持人呼喊口號，邀請台下觀眾拿出手機開啟手電筒功能，剎那間密密麻麻的光點照亮整個活動現場，一個光點代表一個人，也代表一台行動裝置，藉此說明了行動裝置滿天下的指尖盛況。

指尖接觸點管理

平常許多人會把「手機」跟「行動裝置」劃上等號，其實不然。行動裝置除了手機以外，還包含了平板電腦、智慧手表、智慧手環等相關性攜帶式數位裝置，隨著科技進步，行動裝置的設計朝向輕、薄的目標繼續前進，功能也日益強大，不論是人類的健康或是生活品質的提升，樣樣都一把罩。以智慧手環為例，穿戴者可以透過心跳頻率及睡眠動作來監測睡眠品

質，也可以藉由運動軌跡及體脂轉換數據來培養運動習慣，並將數據結果顯示在手環專屬的 APP 上。除此之外，行動世代來臨，從過去的 2G 到現在的 4G 寬頻，上網速度已經是大幅度提升，人們翱遊於網路的時間也逐漸增加，不再侷限於桌機上網的束縛，就算是在路上行走、搭乘交通工具、甚至是上廁所，仍然可以繼續與世界溝通，不間斷的漫步在網路世界中。

這種現象對於試圖在指尖上執行商業模式的業者而言，其實是一種拓展市場的機會。在傳統電子商務領域中經常會提到「轉換成本」，受惠於連網便利性所賜，現在消費者可以隨心所欲轉換服務業者或是產品供應商。這樣的轉換一點都不費力，只要滑鼠輕輕一點，消費者就能跑到其他競爭對手那去消費，對他們來說，利用滑鼠在眾多電子商務購物網站間遊走的轉換成本實在不算太高。現在，消費者或業者多了一個互動管道，也就是行動裝置接觸點。接觸點增加，間接宣告了業者更難以掌握消費者在眾多接觸管道間的「飄移行為」，畢竟比起桌上型電腦，行動裝置的接觸情境更為即時與便利。

在桌機上網時代，大家應該都聽說過接觸點管理（Contact Management），就是決定在什麼時間點，利用什麼方式與訪客進行接觸，並做到讓訪客晉升成為顧客的過程。那在行動裝置

當道的時代中，指尖接觸點管理（Finger Contact Management）指的又是什麼呢？所謂指尖接觸點管理，就是：「指尖機會探尋者能夠掌握任何行動接觸點，並且以營運目標為依歸，洞察使用者在行動裝置上所表現的整體行為脈絡。」這裡所指的行動接觸點並不適合以「單點接觸」來理解，反而應該以「多點接觸」的思維來進行接觸點管理。

　　舉例來說，假設目前有某網購業者，試圖在營運模式中導入APP行動應用程式，期盼能藉由指尖熱潮來延伸營運觸角。從MADF角度來看，只要該業者順利導入APP，理當可以搭上指尖熱潮，擴增行動版圖營收，此時的行動接觸點屬於較為片斷的單點接觸。事實上，APP行動應用程式的成功與否還涉及到許多議題，包含：設法讓APP從茫茫大海中脫穎而出，吸引使用者目光後進行下載與安裝、避免APP安裝後遭使用者移除，活絡使用者持續使用意願、發揮APP內部功能，讓使用者發生經營者所期盼的轉換行為等。

　　這些重要議題屬於行為脈絡導向的多點接觸，也就是說，上述每個環節都可視為是一個單點接觸，將所有環節串接後，即可形成所謂的多點接觸，這就是MIDF所強調的具體且特定的微需求滿足。更進一步來說，指尖接觸點管理就是在指尖運

動中落實多點接觸的概念，並以 MIDF 思維來觀察每個接觸點
所發生的使用者需求。

加入行動熱潮，從過去直達未來

指尖運動盛行，在日常生活中所能察覺到的行動裝置應
用比比皆是。受惠其便利性、即時性、以及相對於桌機上網的
高黏著性，各行各業逐漸意識到從傳統桌機上網經營模式轉型
至行動營運模式的必要。那麼，究竟有哪些行動應用可以參考
呢？我們是否得以透過既有行動應用個案，延伸相關應用至自
身業態中呢？答案是肯定的。

先讓我們來看看幾個實際的案例：

農　業

產銷落差是許多行業經常遇到的困境，也就是說，業者無
法得知目標客群在哪裡，而消費者也無從得知哪裡可以購買到
他們想要的商品，這個問題在農業上更是屢見不鮮。我們經常
可以從報章雜誌上看見農民叫苦連天，煩惱自己的農作物過了

保存期限卻還賣不出去，有部分原因是在於，農民無法得知主要的買家身在何方，也因此經常仰賴農業批發合作社的產銷流程制度，期盼犧牲利潤來讓農作物能夠在保存期限內賣出去。從這個現象可以發現，「保存期限」以及「利潤削減」是務農人士的心頭大患。

　　雪上加霜的是，近期所發生的眾多食安問題，讓廣大民眾對自身飲食感到憂心，其中用來幫助農作物成長或去除病蟲害的肥料與農藥殘留問題，更是讓許多家庭主婦感到焦慮。有鑑於此，近年來有愈來愈多小規模農民，開始投入有機農業的耕作。由於有機農業訴求新鮮、健康、環保、農藥零檢出，因此受到許多消費者青睞。然而有機農業依舊存在固有困境，相較於慣行農法，無法以農藥或肥料來提升農作物產量，導致有機農作物向來賣相差且產量匱乏。試想，如果你是消費者，現在打算購買有機農產品，你知道哪裡可以買到產量充足且安全無虞的農作物嗎？談到這裡，相信你就可以體會到農業領域中產銷落差的窘境，但是，你嗅到指尖機會了嗎？細節就藏在「保存期限」、「利潤削減」以及「有機農業困境」這幾個關鍵字眼當中。

　　以常見的農產品電商APP為例，消費者可以從平台上購

買到新鮮農作物，農作物品質則由平台業者把關。此外，近來出現的小農直銷 APP 則訴求：加入該平台，農民就可以將自己辛苦耕作的農作物上架，由消費者直接向農民購買農產品。答案揭曉了，「農業電商＋小農直銷」從現在起是指尖農業的機會所在。透過指尖應用，農民可以在保存期限內將農作物銷售出去，還能免去過往層層銷售過程中的利潤剝削，消費者同時也能以最低成本購買到新鮮農產品，此舉更有別於過去將營運成本轉嫁至消費者端的做法。如果你是辛苦耕作的小農，又或者你打算涉足農業電商平台，就請牢牢記住上述實例，並請回顧之前所提及的 MADF 與 MIDF 概念，讓自己可以順著指尖潮流，以極具差異化的行動接觸點邁向未來。

房地產仲介

過去幾年，台灣房屋市場處於黃金時期，交易熱絡不在話下，卻也使得房價不斷攀升，直到政府開始出面打房為止，房價才得以從 2016 年起稍稍降溫。姑且不論房價飆漲合理性及政府打房必要性，其實指尖運動也悄悄漫延至房地產仲介業，這個現象可以從 Google Play 的搜尋畫面中看見。究竟房地產仲介

業者是如何將指尖運動發揮得淋漓盡致呢？方式其實很簡單，大略可歸納出以下幾點：物件的可比較性、可預測性，以及溝通的即時性。

◆可比較性（comparability）

　　不論是購買自用住宅或是投資非自用不動產，從眾多不動產物件中搜尋出自己理想的房屋，想必是件耗時又費力的事，主要原因在於相同屬性的物件眾多，但即使是屬性相同，也無法保證屋況是一致的。有鑑於此，購屋者可藉由行動應用程式APP的協助，在搜尋條件中勾選符合需求的物件屬性，如屋齡、停車位、電梯等，此時相同屬性、屋況不同的物件立即就能歸納在行動裝置上。

◆可預測性（predictability）

　　網路環境的特性讓人無法觸摸到實際物品，這個特性即使在房屋仲介業也不例外。相信大家都知道，在房仲APP中通常可以看到所查詢物件的實際照片，然而礙於照片的可視角度有限，因此有愈來愈多業者提供線上影音看屋功能，不但彌補網路世界無法觸摸到實體的缺憾，也大大提升物件的可預測性。

◆即時性（communicability）

在許多時候，網路上所揭示的商品訊息不一定充分且完整，就算業者願意盡可能提供物件的詳細描述，也容易受到行動裝置螢幕尺寸限制的影響，使得所欲呈現給購屋者的內容必須縮減，導致資訊不對稱情況加劇。所幸，內嵌式即時通訊功能日漸強大，而且還被廣為採用，買家一旦對物件有所疑問時，可以立即透過房仲APP中的「呼叫業務代表」功能來滿足買家對於「知」的即時性需求。

假如你打算在APP上販售類似房屋物件的商品，包含耐久性、稀有性、不易移動性、昂貴性等，不妨試著改變一下與顧客的溝通方式，透過指尖應用的效果來滿足顧客所重視的可比較性、可預測性以及即時性。

餐飲業

下班後與同事相約去吃個快炒順便小酌一番，相信這是許多上班族的共同寫照。曾幾何時，快炒店漸漸成為台灣飲食文化的一環，走在大街小巷，三不五時就可以看見烈火快炒、把

酒言歡的景象。然而快炒店的林立，雖然提供民眾飲酒作樂的場所，卻也可能間接導致酒後駕車頻率提升。為了制止那些較不具備自律能力的人，警察先生、小姐總是在各個主要路口設置攔檢站，針對駕駛人實施酒精濃度測試，以杜絕酒駕行為。以上這個案例究竟與指尖應用有什麼關聯性呢？國際啤酒大廠海尼根（Heineken），為了擺脫酒駕幫兇的惡名，特地開發了「清醒測試」行動應用程式。

這個APP主要用來測試民眾飲酒後的清醒程度，如果酒醉程度嚴重，該APP就會撥電話給預先指定的計程車隊，提供民眾酒醉前預先錄音好的住家地址，讓酒醉民眾能夠安全返家，也避免酒後駕車的情勢發生。以上這個指尖案例，充分應用了「社會道德議題」，期望喚醒人們對於使用該行動應用程式的必要性。想想看，還有哪些議題與此個案類似呢？快炒店、酒吧、夜店或其他飲食相關業者是否也能夠提供類似的行動應用程式呢？如果有的話，或許對於下載APP應用程式的必要性就會有所提升，而業者也能夠藉此提升服務品質與企業社會責任（Corporate Social Responsibility, CSR）。

生理衛生產業

　　知名保險套業者杜蕾斯（Durex）為了提倡安全性行為觀念，設計出一款「情境模擬」的行動應用程式。故事是這樣的：「有一位血氣方剛的少年郎，由於禁不起誘惑，在性行為的過程中沒有使用保險套，導致女方意外懷孕，因此成為超級奶爸。」此模擬過程在APP上的呈現，是先用兩台皆安裝該APP的手機相互磨蹭，好比男女雙方從事性行為一般，結束後小寶寶就會誕生於APP中，意味使用者必須開始負起養育的責任，還要定時餵奶與安撫，否則手機就會發出嬰兒的哭鬧聲，直到奶爸受不了、想要移除這個行動應用程式為止。

　　但事情沒這麼簡單，該APP無法直接從手機上移除，必須由奶爸走到商店內，對著保險套商品外盒的條碼掃描，才能夠移除這個擾人的APP。既然都已經拿起保險套外盒來掃描了，當然也就提醒這位奶爸，下次別忘記使用保險套了！這個行動應用程式給與我們什麼樣的啟發呢？杜蕾斯不但透過趣味方式來提升APP下載率，更正確傳達與其營運目標高度相關的性行為安全措施必要性，如果你的業態與「事前防範避免事後懊悔」有關，不妨參考以上這個有趣的實例。

搭建APP友善之橋：鞏固良好顧客關係

在人機互動（Human Computer Interaction, HCI）的領域中經常會提到使用者友善性（user friendly），主旨在說明人與機器互動時，介面操作的友善程度將影響使用者是否願意持續使用該機器。這樣的訴求在行動裝置環境中也不例外，使用者是否能夠透過指尖來滿足他們的行動應用需求，將會影響他們使用特定行動應用的意願，因此了解行動裝置友善性（mobile friendly）的重要性不言而喻。

究竟什麼是行動裝置友善性呢？簡單來說，就是讓行動裝置操作環境能夠盡可能簡單化，隱藏原本複雜的電腦程式運作邏輯，僅將簡化後的操作介面呈現給使用者。換言之，行動裝置友善性就是設法讓行動裝置及其相關應用，能夠符合使用者的指尖操作習慣與需求，不讓他們在操作裝置過程中感到沮喪，而使用者也不需要經過太多學習就可以即刻上手，甚至達到愈用愈滿意的境界。

一般而言，行動裝置操作介面可以概略分為：網頁行動裝置應用程式（website app）與原生行動裝置應用程式（native app），前者指的是一種透過行動裝置開啟網頁瀏覽器運行的

跨平台應用程式，後者指的是一種基於智慧型手機作業系統如 Android、iOS，並透過使用者下載後運行的原生應用程式。此兩者對於行動裝置友善性的關聯性敘述如下：

網頁行動裝置應用程式

就上網而言，使用行動裝置存取網際網路的即時性與便利性早就不在話下，這也是為什麼手機上網流量超越桌機上網流量的原因之一。在指尖浪潮來襲之際，許多網站紛紛設置「行動版」網頁以應付愈來愈多的手機上網族群。

此外，Google 自 2015 年起調整搜尋引擎演算法，將網站是否滿足行動裝置友善性納入網站排名的評分依據，換句話說，當有人在 Google 搜尋引擎上使用智慧型裝置進行網站搜尋動作時，符合行動裝置友善性的網站，將會取得較高的網站排名權重，如果你的網站不能滿足這項考驗，自然就無法獲得 Google 搜尋引擎的青睞。

那我們要怎麼知道自己經營的網站，是否滿足行動裝置的友善性呢？Google 官方提供了行動裝置的相容性測試工具網頁（https://www.google.com.tw/webmasters/tools/mobile-friendly），

在該網頁的搜尋引擎輸入網址後，即可得知目標網頁是否滿足條件。如滿足條件，測試畫面會顯示「網頁適合透過行動裝置瀏覽」；如不滿足，則會顯示「網頁不適合透過行動裝置瀏覽」，並提示不相容的原因，其中包括：

◆內容寬度超出螢幕顯示範圍

通常在行動裝置上的閱讀習慣，是由左至右、由上而下去讀取文章，如果內容寬度超出螢幕範圍，在閱讀過程中，我們必須不斷縮放螢幕大小，甚至用指尖去滑動頁面，才能閱讀到完整內容，這些動作往往會讓人分心，降低閱讀品質，稍有不慎還可能會忘記自己看到什麼地方而產生跳行現象。

◆文字太小，不易閱讀

在正常情況下，網站經營者對於訪客屬性通常不具有選擇性，換句話說，我們無法限制訪客年齡，如果網頁字體太小，對於中老年訪客而言恐怕會是一種負擔，此時文章篇幅又恰好較長，對於年長者而言更是雪上加霜，屆時可能會感到眼睛疲勞，甚至會不耐煩的直接關閉網頁。

◆可點選的元素之間距離太近

行動裝置的螢幕有大有小，想要讓訪客毫無阻礙的遨遊於指尖運動中，字與字或是行與行之間的連結距離不宜太近，尤其是含有超連結或是按鈕式設計的網站，如果連結間隔距離掌控得當，對於手指點擊絕對具有加分效果。

◆未設定檢視點

一個網頁是否能順利在任何行動裝置上閱讀，這點非常重要。不管是尺寸、排版，對訪客而言都是判斷一個網頁好壞的指標。除此之外，如同剛才所提到的，Google 實施了行動裝置搜尋排序演算法，讓有良好行動裝置瀏覽介面（即行動版檢視點）的網頁得以優先排序，而擁有優先權的好處包括：提高網站曝光率、吸引潛在顧客、節省關鍵字廣告開銷費用等。

◆使用不相容的外掛程式

在許多時候，網站業者為了希望讓自己所經營的網站，能夠額外呈現許多特效，在基礎網頁語言及瀏覽器沒有支援的情況下，使用額外的外掛程式以達成目的，然而在行動裝置網頁讀取情境下，並非任何外掛程式都能夠被行動瀏覽器接受，例

如過去廣受歡迎，但現今卻已經停止支援的Flash動畫。

行動裝置相容性測試能夠讓我們在發生相容性不佳的情況時，根據Google給與的更改建議在網頁上即時修正，畢竟給與訪客一個良好的瀏覽空間、舒適的閱讀體驗，不但可以讓訪客對網頁留下好印象，也能提升訪客的網站停留時間。在此建議，如果是從無到有初次涉入指尖行動應用，不妨一開始就遵循較為嚴格的行動裝置相容性標準，否則很難保證未來Google將檢測嚴謹度提升時，過去所獲得的行動裝置相容性認可是否仍然有效。

原生行動裝置應用程式

截至目前為止，在iOS系統上運行的APP數量約有120餘萬款，而Android系統則約有140餘萬款，這些流通於市面的APP數量龐大，且仍在持續上升中。然而APP數量的提升，很可能只是受惠於之前所提到的MADF，但如果以MIDF的標準來看，APP品質可能遠比APP數量還重要許多，重質不重量或許更能讓APP經營者建立良好的使用者關係。讓我們先以

MIDF中所提到的第一項：「設法讓APP從茫茫大海中脫穎而出，吸引使用者目光後進行下載與安裝。」來說明APP經營者最在意的「下載率」。APP下載屬於指尖應用經營者與使用者建立關係的首部曲，也可視為後續與使用者互動的必要條件。影響APP下載率的原因很多，在此列舉幾項較為常見的因素：

◆圖標icon吸引力

圖標icon的設計必須要能符合APP的主題重點，不同屬性的APP則要有相對應的圖標，一方面提醒使用者該APP的使用目的，二方面吸引使用者的目光。

◆過去使用者評價

APP使用者評價是給從未使用過相同APP的使用者，一個重要的諮詢管道，藉由他人的使用經驗與評價，讓沒有經驗的使用者得以判斷特定APP是否值得下載。在正常情況下，評價包含量化指標以及文字評論，而量化指標大多以5顆星做為最高評價。正面評論雖然能讓不具經驗的使用者加深APP下載意願，但比起正面評論，負面評論更會讓使用者印象深刻，因此APP經營者要設法避免負面評論的情況發生。當然，一個APP

要能夠滿足各式各樣使用者的需求，幾乎是不可能的事情，如果你的APP不慎收到負面評論，也請不用擔心，只要在最短時間內，以負責任的態度改善APP缺失並給與使用者回覆，相信你的APP仍然可以獲得使用者青睞。

◆提供動態視頻介紹

同樣是不具有APP使用經驗的使用者，有些人偏好以量化指標快速判斷APP品質好壞，有些人則喜歡細細閱讀文字評論，有些人則是覺得量化指標過於簡化，而文字評論又過於冗長，因此偏好以動態視頻的介紹方式，來了解自己不熟悉卻又打算下載的APP。雖然動態視頻能讓觀賞者更容易吸收APP內容的精髓，但在大多數情況下，動態視頻長度不宜過長或過短，必須拿捏得當，免得觀賞者失去耐心或尚未理解影片內容就播放完畢，而你也將失去與使用者建立初次關係的機會。

◆親朋好友口耳相傳

APP經營者還可以透過社群網站的幫助，動用社交圈內親朋好友的力量來將APP推廣出去。如果推薦者或APP使用邀請者是自己熟識的人，該APP就會有比較高的機會被下載。過去

在社會科學研究中，將社群網站上的關係連結分為兩種強度，分別是「弱連結」與「強連結」。前者指的是受到特定因素影響所建立的關係體系（如相同工作環境），這樣的關係連結能夠有比較多的互動機會；後者指的是更深層的關係體系，雖然關係個體間彼此互動機會較少，但能夠接觸到的關係個體卻比較深入（如朋友、親戚等）。通常每個人大約擁有150位關係聯繫人，其中約20%屬於強連結，其餘80%屬於弱連結。身為APP經營者的你，是不是應該借用上述的強連結與弱連結特性，讓你的APP受到更多人推薦進而被下載呢？

◆功能滿足性

在傳播學領域中有所謂的「使用及滿足理論」，指的是媒體受眾主動對傳播內容做出選擇，受眾自發性選擇媒體內容來滿足自身需要（社會需要及心理需要），進而對媒體產生期望，並且在做出選擇以及接觸媒體內容後評斷是否獲得滿足感。如果把APP視為一種媒體，把APP內涵當成媒體內容，同樣的，使用者會自發性選擇他們所要下載的APP，使用後再以自身的社會需要或心理需要來判斷該APP是否能夠幫助他們完成滿足的目的。因此APP經營者必須清楚知道，目標使用者

的社會與心理需要為何，才能契合APP使用者的使用與滿足需求。例如，某使用者需要傳訊息給家人，而LINE的通訊功能就可以滿足這項需求。

◆ 網頁廣告行銷

要增加APP被下載的機會，還能透過「關鍵字廣告」的方式來達成，所謂關鍵字廣告是指，使用者在搜尋引擎查詢若干關鍵字詞時，搜尋引擎業者自動將搜尋字詞與符合該字詞的網站或APP以廣告方式顯示在搜尋結果中，由於該廣告契合搜尋者的尋找意圖與內涵，因此比較容易被點擊，此時如果廣告目的是行銷網站，就能達成延攬訪客進站的目標，而如果廣告目的是推廣APP，那麼就可以促成APP下載。

◆ 繫綁專屬性

截至目前為止，有愈來愈多的商品提供APP連結功能，例如智慧手環、智慧冷氣、智慧插座、智慧鞋、智慧體重計等，透過APP繫綁功能，使用者可以從行動裝置中直接操作所對應的裝置，此時行動裝置就好比一個電視遙控器，使用者不需接觸到實體商品就可以遠端操控。然而這樣的APP繫綁是屬於

對應性質，不是由該商品業者所推出的 APP，大多數都無法相容，一方面達到繫綁專屬性，一方面也促成了 APP 的下載。

　　經過上述 MIDF 第一項的內容吸收，相信你已經體認到，APP 要能夠被使用者持續使用，「下載」是一項重要的必要條件。緊接著，MIDF 所提到的第二項：「避免 APP 安裝後遭使用者移除，活絡使用者持續使用意願。」可視為是 APP 被使用者安裝後所要關注的焦點，畢竟費盡心思設計的 APP 若遭使用者移除，想必會讓 APP 經營者感到沮喪。究竟有哪些情況，可能會導致使用者將 APP 移除呢？可能的原因或許非常多，以下列出幾項較常見的肇因：

- 每次開啟等待時間過長
- 頻繁當機或閃退
- 下載後發現不符合使用需求
- 廣告太多且操作介面雜亂
- 對於內容不感到興趣
- 使用頻率不高
- 占大量內存空間

上述事項是APP經營者不能忽視的重點，畢竟MIDF第二項的內容扮演極為重要的「橋梁」角色，換言之，當APP已經被使用者下載後，是否能夠被使用者持續使用將攸關APP經營的成敗，如果能夠被持續使用，才有可能邁進MIDF的第三階段，也就是：「發揮APP內部功能，讓使用者發生經營者所期盼的轉換行為。」試想，假如你是一家電子商務公司的業者，你會希望使用者光是看看APP中陳列的商品，卻從來不下單嗎？又或者你是一家遊戲公司的業者，你會希望使用者玩完免費關卡，就停下腳步移除你的遊戲嗎？答案相信是否定的。

　　許多APP經營者做到MADF後就沾沾自喜的認為，自己已經掌握到APP的使用者，但真正可以留住他們指尖的方法，除了深入瞭解上述MIDF三大項目外，還需要藉由若干工具來告訴自己，我們所搭建的APP友善之橋是否經得起大風大浪？是否能確實協助經營者與使用者建立良好關係？這也是搭建APP友善之橋所不能忽視的橋墩檢視作業。

搭橋先顧墩：APP 流量分析的重要性

APP流量分析就像是橋墩一樣，橋墩不但要穩還要經常維護，才能順利搭起業者與顧客間的橋梁，也就是之前所提到的MIDF。那什麼是APP流量分析呢？所謂「流量」是指使用者開啟APP後所發生的任何指尖行為資料，將這些資料加以蒐集、處理、彙整，就是流量分析的主要工作。

以APP經營者的立場而言，如果能夠藉由流量分析事先掌握APP使用者的進站來源、進站方式或是進站媒介等相關線索，就能夠將過去亂槍打鳥的APP上架與下載策略具體化。除此之外，流量分析還能幫助APP經營者捕捉使用者下載APP後的使用行為，舉凡畫面瀏覽、畫面停留時間、突發狀況或是當機次數等等。最後再透過目標轉換率，評估此一連串APP使用者的指尖歷程，是否有達成業者最初設定的目標。以上所提及的各項分析工作，都能夠以流量分析工具進行統計與彙整，進而從中發掘具有參考價值的APP指尖數據。

網路行為分析方法突破

在過去，許多人所使用的網路行為觀測方式，過程中隱含了各種弊病。例如，我們無法利用「實驗設計」的方式去探究歷史情況或是未來變化，只能夠針對當下所預設的情境來進行實驗分析，然而，過度人為控制的實驗情境不一定等同於APP實際的使用情境。另外，「網路問卷調查」也是大家熟知的一種網路行為觀察工具，但很遺憾，由於網路問卷實施的地點在網路上，因此無法隔空確認填答者是否符合施測者所預期的樣本代表性。此外，雖然網路問卷能夠在短時間蒐集到一定數量的樣本，但如果要達成超大樣本數的蒐集，仍要花費大量成本與精力。綜合上述缺憾，流量分析不僅改善了這些缺失，甚至還突破了「霍桑效應」（Hawthorne Effect）的行為觀察後遺症。

霍桑效應指的是，當被觀察者知道自己成為觀察對象，進而改變自身行為傾向的一種反應。舉例來說，一個成績優異的學生，會因為比其他同學得到老師更多的關愛，而讓他更加努力學習。一個成績不甚理想的學生，會因為經常受到老師責備或冷落，在外界關心不足下，逐漸放棄自我。我們做某件事情，常常會受到主觀因素介入影響而改變自我思緒判斷，甚至

改變自己的言行舉止。然而客觀的流量分析，可以在APP使用者沒有察覺的情況下，加以側錄其所展現出的APP使用行為，進而捕捉到最真實的指尖歷程。

APP流量分析對業者而言，究竟具有什麼重要性呢？舉個簡單的例子，電商業者可以透過流量分析結果得知，在什麼樣的時間點對APP使用者採取哪一種促銷策略較能奏效。例如，PChome透過流量分析得知，早上10：00左右是行動流量的尖峰時段，判斷捷運族、公車族都在這個時段搭乘大眾運輸工具，同時也在滑手機，因此實施「開門賞」促銷活動，期望可以藉此提高顧客轉換率。透過流量分析結果，就可以讓你的APP使用者晉升為顧客、讓你更清楚APP使用者的MIDF、讓你的經營模式更具高投資報酬率。

市面上的流量分析工具五花八門，如Google Analytics、Flurry、Mixpanel、Amazon Mobile Analytics、百度移動統計等等。本書實作選擇以Mobile Google Analytics（Mobile GA）做為APP流量分析案例演示工具，主要原因在於Mobile GA擁有以下優點：

◆多國語言及報表共享

　　有別於過去大家所慣用的「安裝式」軟體，使用Mobile GA完全不必經過任何安裝手續，APP經營者只要透過自己的Gmail帳號登入分析平台後，即可享用「雲端式」Mobile GA流量分析。而且，相關分析報表都儲存在雲端中，大大提升使用便利性與資料保全的可靠性。此外，Mobile GA具備多國語言功能，如果你打算經營跨境APP，那麼這項功能就可以讓不懂中文的團隊成員無縫接軌，順利用不同語言觀看相同的流量分析報表。更令人驚豔的是，Mobile GA還提供報表共享功能，只要經過管理者授權，任何人都能藉由Gmail帳號存取相同的流量分析報表，此功能將有助於行銷團隊成員共同針對相同APP進行流量表現審視。

◆客製化流量分析報表

　　相較於其他流量分析工具，Mobile GA提供分析者非常彈性的報表編排方式，APP經營者可以按照自身偏好，隨心所欲安排自己心目中理想的報表呈現種類與樣式。我們都知道，高階主管向來不太喜歡也沒有太多時間仔細研讀許多數字型態的報表，此時身為下屬的你，可以為主管量身打造投其所好的客

製化視覺報表。當然如果你的APP經營方針非常明確,你也可以排除許多與自身APP經營無關的報表,只把與營運目標攸關的重點項目納入分析報表,如同隨身攜帶一名具備領域知識(domain knowledge)的簡報高手在身旁,只要有需要,打開手機版的Mobile GA就能立刻看見客製化的流量分析報表。

◆完全免費

　　過去在PC時代,資訊系統預算投注往往是CEO或CIO最關心的經營項目。他們總是在思考資訊系統與其相關應用的採購,是否能為企業換來等值的投資報酬率,深怕有什麼萬一,金額龐大的資訊系統採購成本就會付諸流水。Mobile GA有別於傳統資訊系統,使用上完全不需要付半毛錢,而Google這項經營策略深獲各大APP經營者好評,特別是中小規模的新創型APP,在創立初期往往都非常拮据,而Mobile GA的免費使用就好比是注入一股活水。當然Google也不是省油的燈,免費版的Mobile GA還是有其限制,如果你不是那麼在乎報表呈現所需時間、報表保存期限與相關設定項目限額,強烈建議你使用免費版即可。據筆者私下情報得知,即使是台灣電商龍頭的各大業者也不例外,同樣是使用免費版的Mobile GA呢!

◆支援API

　　Mobile GA在未經過額外設定時，已經提供許多預設的分析項目，然而隨著使用時間拉長，分析者的熟悉程度有增無減，這暗示著APP經營者對於Mobile GA的操作已經熟能生巧，但對於許多進階分析項目也開始感到渴望。所幸，Mobile GA所提供的應用程式插件（Application Programming Interface, API），讓分析者能夠在APP程式碼中植入API函式庫，讓許多非預設的分析項目得以在分析報表中呈現。截至目前為止，Mobile GA提供三大API，包含：「收集API」、「管理API」及「資料匯出API」。其中「收集API」與流量蒐集進階功能息息相關，而「管理API」與「資料匯出API」則是協助分析者，能夠在各處提取Mobile GA的流量數據。

◆旗下產品整合能力

　　Google在網路世界的地位無庸置疑，而其所推出的各項網路服務更是眾所皆知，例如Google搜尋、Google地圖、Gmail、雲端硬碟、YouTube等。由於Google各項產品市占率日漸升高，因此Google非常有謀略的讓流量分析者，即使在Mobile GA中仍然可以將Google相關網路應用的使用成效分析

整合在一起。以知名的關鍵字廣告AdWords為例,透過Mobile GA,可以讓APP經營者從流量分析報表中得知特定關鍵字詞的轉換情況,也能夠對該關鍵字進行廣告投放成效檢討,此舉大幅提高APP經營管理的便利性。當然Mobile GA整合AdWords只是冰山一角,就連大家再熟悉也不過的YouTube同樣能夠整合到Mobile GA的分析項目中,APP經營者也能夠享有YouTube預設分析項目外更為豐富的流量分析功能。

◆ 廣泛採用

依據Gartner近期調查報告指出,流量分析是當代各大企業最迫切投注精力的一種分析技術,而E-NoR市調公司更指出,約有63.2%的財星500大企業,目前正採用Google Analytics做為流量分析主要工具,而此趨勢預期會持續成長。無獨有偶,許多華人APP企業也紛紛加入流量分析的行列,舉凡營利、非營利、食、衣、住、行、育、樂等各種類型APP都不例外,Mobile GA確實是眾多經營者所愛用的流量分析工具。受惠於如此龐大的採用規模,後繼Mobile GA採用者較容易在公開網路環境中進行意見與經驗交流。

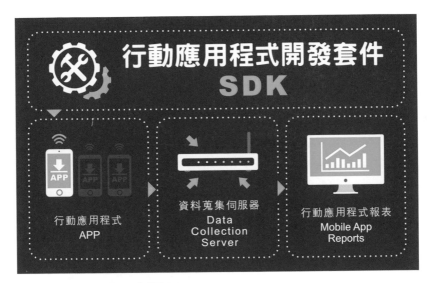

圖表1-2 行動流量分析原理

Mobile GA簡介及運作

如圖表1-2所示，Mobile GA的運作原理，是利用行動應
用程式開發套件（software development kit, SDK）在APP裡
嵌入若干程式碼，該程式碼的用途，是為了讓行動作業系統
（iOS、Android）能夠兼容於Mobile GA的程式碼，在兼容過程
中Mobile GA會植入專屬的追蹤編號（tracking ID），藉由此追
蹤編號，Mobile GA就能夠針對特定APP進行流量資料蒐集，

最後將所蒐集到的指尖數據上傳至 Google 伺服器，並以視覺化的方式呈現報表給分析者。

網站流量分析 vs 指尖流量分析

近年來，桌機上網的網站流量分析，已經成為網站經營者掌握訪客行為的必備利器，隨著指尖運動時代來臨，網站流量與指尖流量的黃金交叉即將發生。你是否已經準備好要面對指尖大革命了呢？滑鼠再也無法與指尖匹敵，指尖流量將超乎大家想像。以下列出幾點原因，說明桌機上網行為與行動裝置上網行為的差異，藉此強調將流量分析區分為「網站流量分析」與「指尖流量分析」的必要性：

◆使用情境差異

大多數桌上型電腦並未安裝無線網路卡，而是透過有線的方式來存取網際網路資料，換句話說，桌上型電腦的使用情境大多是在室內。行動裝置則是內建行動上網設備，因此除了可以在室內存取網際網路資料，更可以隨心所欲在室外持續存取。試想，坐在桌上型電腦前的上網行為，與邊走路邊看智慧

型手機的上網行為，兩者一定有很大差異吧？

◆存取行為差異

　　桌上型電腦上網是透過滑鼠「點擊」（click）的方式進行，受惠於滑鼠的操控性與精確度，在桌機上網環境下，網頁內容被誤點機率較低。相反的，當我們在使用行動裝置時，網頁瀏覽行為從過去的點擊轉變成透過指尖或是觸控筆的「輕觸」（tap）來達成，然而受限於行動裝置的可視範圍較小，導致誤點機率提高。雖然都是使用手來達成上網目的，對於行動裝置使用者而言，指尖上網的體觸感更為直接且深刻。

◆視窗閱覽差異

　　雖然行動裝置的使用便利性或使用頻率皆優於桌機，但在視窗閱覽能力上卻遠不及桌機的存取環境。當我們在製作報告查詢資料時，往往需要開啟很多分頁以便進行資料交叉比對，這個動作在桌機上再平常也不過，但對於行動裝置而言卻是一種阻礙。換句話說，行動裝置使用者較常落實單頁存取，桌機使用者則較常執行多頁存取。

　　透過以上說明，你是否已經感受到桌機上網與行動上網的差異了呢？即便是兩者都可以使用相同的工具來記錄流量，設備的使用行為不同，所獲得的流量意義自然也會不同。接下來的內容，將帶領各位進入指尖下的大數據世界，透過Moblie GA分析案例，一同揭開行動流量背後的祕密吧！

第 2 章

掌握指尖大數據

行動流量分析的
具體做法

指尖大數據，指的就是數量龐大、產生速度快、多樣性以及準確性高的指尖行為資料。拜上述四大特性所賜，指尖數據的準確性通常很高，畢竟資料來源是直接來自於資料產生端的指尖行為，而不是以抽樣方式取得的部分資料。

有鑑於此，「數量」×「產生速度」×「多樣性」×「準確性」造就了指尖大數據的風潮。截至目前為止，許多 APP 經營者仍然忽略指尖大數據分析的重要性，自本章起，將透過實務個案，帶大家領略指尖流量分析的具體實施做法。

表裡一體的重要性

首先依照前例，先來看一個短篇故事，這個故事主要說明一位顧客在蒞臨服飾店後的參訪心得：

　　我來到一家服飾店門口，抬頭一望，精緻木質招牌配上具有創意的店名，除了吸引眾人目光外，也誘使我有了想進去逛逛的衝動。在進去前，我腦海中充滿了期待，想像裡面會有殷勤接待的服務人員、充滿質感的室內裝潢，還有琳瑯滿目的服飾任我挑選。

但是當我踏進店裡的那一刻，先是一陣怪味撲鼻而來，原來店員把大包小包的垃圾堆放在櫃台旁，灰暗的燈光更是令人感到一陣寒意，接著，我再看看衣架上的衣服，結果更是不堪入目，竟擺放得歪七扭八、毫無秩序可言。更誇張的是，一位披頭散髮的女店員穿著夾腳拖走了出來，當下我目瞪口呆，心想：這跟我當初設想的情境簡直是天差地遠，好比從天堂掉進地獄一般，這未免也太表裡不一了吧！

如果你曾經遭遇過類似情形，相信你一定會感同身受。搭建一個APP，就如同經營服飾店一般，如果發生像上述如此不堪的窘境，那麼失敗機會勢必大增，因此落實APP表裡一體的重要性，自然不在話下。

表與裡的定義

對於搭建一個APP來說，什麼是表、什麼是裡呢？所謂「表」，其實就是指「達成MADF巨需求滿足」，而「裡」則是指「達成MIDF微需求滿足」。在指尖熱潮下，究竟要如何兼

顧 MADF 與 MIDF，落實 APP 的表裡一體呢？就 MADF 而言，經營者至少要讓使用者體會到 APP 的外在美，如便利性、實用性、易用性。以易用性來說，由於使用者的個別偏好捉摸不定，因此必須設計一個簡單且容易操作的介面，來滿足大多數使用者的需求。

以記帳為例，這是一件讓人手忙腳亂的事情，如果程式操作介面看起來乾淨俐落，就應該會是我們記帳的動力來源吧！Ahorro 這款 APP 提供兩大記帳功能，包含收入與支出，又考慮到有些人會有編列預算的需求，因此提供預算輸入機制，並與支出連結，顯示剩餘預算，時時刻刻提醒使用者要開源節流。此外，Ahorro 還有發票 QR Code 自動掃描輸入功能。想想，平常在記帳時要輸入日期、項目、金額等手續其實非常繁雜，透過自動輸入功能，可以幫使用者省下許多時間。透過 APP，將複雜的記帳工作轉化為一個易於操作的生活好習慣，這就是外在美中的易用性，相信這點應該是所有 APP 的開發初衷吧！

再來談 MIDF，APP 必須讓使用者體會到問題解決性（problem solving），至於要如何得知使用者是否對 APP 所提供的問題解決性感到滿意，就必須透過行動流量分析（mobile analytics）來探詢解答，也就是藉由流量分析結果了解使用者

特定需求，即滿足 MIDF。如 APP 經營者透過行動流量分析，發現使用者對於特定服飾情有獨鍾，因此除了剛才提到的外在易用性，再額外依據所獲得的服飾偏好線索，適時提供使用者投其所好的廣告。利用行動流量分析工具（如 Mobile GA）來實現 MIDF，就可以從眾多分析指標中看到不同的 MIDF 解決方案。在分析過程中，每個人對於蒐集到的指尖數據會有不同見解，此時就要依照自我專業領域知識正確詮釋，才能提出極具洞察力的因應策略，也因此行動流量分析堪稱是一門藝術。

人們對於「美」的定義與敏銳度不盡相同，依照個人特質、生長環境、經驗、專業能力等因素，每個人都有其獨特的畫風或曲風。數據也是如此，每個人都有其獨一無二的分析技巧與分析邏輯，因此掌握指尖數據就等同於掌握了 APP 的「內在美」。最後，APP 經營者有必要將外在（MADF）與內在（MIDF）結合，落實 APP 表裡一體的終極目標。你準備好要將流量藝術發揮到淋漓盡致的境界了嗎？跟著以下內容，確實搭建一個能符合大眾需求的行動 APP 吧！

把握爆紅時機：Mobile GA 即時參與度分析

　　或許你曾聽過：「樹欲靜而風不止，子欲養而親不待。」這句話其實是要教導大家把握光陰，盡早行孝。確實，凡事都要能夠把握，只要是對的、是好的，就值得我們緊緊抓住。雖然說行動裝置流量早晚都會超越桌機流量，但如果以「視覺注視長度」而言，行動裝置仍然無法與桌上型電腦匹敵，畢竟在行動裝置上閱讀，仍算是一件相對吃力的工作。有鑑於此，如果能在觸發行動裝置的當下，即時掌握指尖行為或使用者目光焦點，才能真正把一刻千金的概念落實在APP經營之上。

　　現在，我們來看一個珍惜光陰的指尖應用案例。廣告在每個人的生活中無所不在，當你身在演唱會或大型比賽會場時，抬頭一看，一個個超大型廣告看板正播放著動態廣告。在表演或比賽開始之前，你除了跟三五好友閒話家常或東張西望環顧四周外，恐怕也只能看看那些大型廣告看板吧？美式足球超級盃比賽是美國家喻戶曉的重要賽事，卻在2013年的一場比賽中發生停電，期間長達半個多小時，這個意外可讓現場及電視機前的觀眾都急壞了。

　　你察覺了嗎？指尖機會出現了！因為停電，比賽必須暫

停，現場觀眾也只能無奈的靜候比賽再次開始。因為停電，電視機前的觀眾除了轉台或不轉台以外，恐怕也沒有太多其他選擇。無論是哪一種觀眾，停電時他們身上所攜帶的行動裝置，勢必會成為打發時間的最佳良伴。

　　知名餅乾業者Oreo，趁著這次停電的機會悄悄接近觀眾，就算用「在黑暗中掏金」來形容也不為過。當時，機智的Oreo把握住指尖商機，立馬在Twitter上發了一條訊息：「停電嗎？沒問題。」（Power Out? No problem.）並上傳了一張在黑暗中發光的Oreo餅乾，寫著：「在黑暗中你還是可以泡著吃。」（You can still dunk in the dark.）瞬間吸引1萬5千餘人轉貼，不但化解黑暗危機，也巧妙透過指尖熱潮行銷自己的商品。

　　故事結束了嗎？如果你也想效法Oreo的做法，但那看似完美的指尖行銷，其實只做了半套！Oreo非常聰明的把握與顧客即時互動的機會，然而從這個故事中，你只看到了「即時把握」，卻無法看到「事後反饋」。如果能夠借助每次即時互動後所衍生的指尖流量，反饋給日後的行銷策略擬定，才能夠成為名符其實的黑暗騎士，才會是這場停電的最後贏家。因此，我們寧可相信Oreo早已掌握事後反饋，只是礙於商業機密，外人無法得知罷了！

即時把握與事後反饋

綜觀我國電子商務產業，許多網路購物的APP雖然從善如流的加入即時指尖行銷行列，但多數僅以「外部行銷」的觀點來實現所謂的「即時把握」，卻少有業者以「內部行銷」的思維來掌握重要的「事後反饋」。上面所提到的外部行銷，指的是：「APP經營者以自身營運利益為考量，試圖讓顧客接受業者所提出的各項行銷方案。」

以即時指尖行銷為例，APP經營者可以在特定時間、特定節日、特定季節、甚至特定事件發生時，提出即時性的行銷活動。這些經營者大概會想：只要即時將促銷訊息散播出去，就一定能吸引顧客前來消費，因為即時行銷活動契合當下所發生的事件，絕對是順應時事的行銷妙計！然而，如果你到目前為止，不斷點頭認同前述「即時把握」的做法，恐怕會讓你陷入「偽即時行銷」的陰霾中。

為什麼這樣說呢？我們往往一廂情願的在特定時段推出行銷活動，但你是否曾考慮過顧客身在何方呢？他們的所處環境是否適合用指尖慢慢端詳你所推出的即時行銷活動呢？或是你有沒有考量到不同顧客間的差異性呢？甚至是以上這些疑問能

不能讓你用最簡單的方式來找出解答呢？

答案是肯定的，只要你即刻加入內部行銷的行列。內部行銷指的是：「APP經營者除了考量自身營運利益外，更能夠站在顧客立場，替他們設想哪些內容是他們最需要、或哪些即時行銷的規劃最能夠在指尖潮流中派上用場。」而這也就是國內網購APP業者普遍缺乏的「事後反饋」能力。那我們究竟要如何才能在自己所經營的APP中達成所謂的「真即時行銷」呢？沒錯！透過Mobile GA的「即時報表」分析，你不但可以嗅到正確的顧客偏好，更可以即時掌握顧客的指尖行為。如果你的業態涉及即時行銷概念，或是你正打算涉入即時行銷，那麼請別錯過以下精采的「即時把握」與「事後反饋」密技！

即時報表分析項目

Mobile GA將即時報表（Real-Time）分為五大項目：包含活躍使用者（Active Users）、畫面瀏覽（Screen Views）、熱門畫面（Top Active Screens）、熱門地區（Top Locations）、熱門應用程式版本（Top App Versions）。

◆活躍使用者

　　在活躍使用者的分析項目中，Mobile GA 會記錄目前有多少人正在使用 APP。以圖表2-1為例，目前有高達69%的使用者以行動裝置來使用 APP，其餘31%則是以平板電腦做為 APP 的使用工具。試想，如果把這個活躍使用者的分析，應用在類似上述的即時行銷活動，或許就能馬上知道自己精心籌劃的行銷方案，在行銷活動開始時是否奏效。又或者，活躍使用者人數在每天的某個時間點，會突然向上飆升，這時候你應該做出什麼樣的因應方法呢？以電子商務經營者角度而言，或許可以在掌握特定多數人潮的時段後，立即投放出特惠活動，藉此吸引顧客關注。身為 APP 經營者的你，一定不會放棄如此深具意

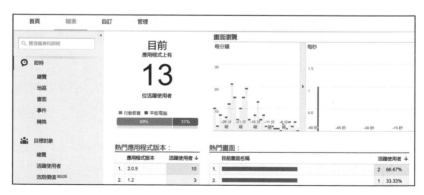

圖表2-1 Mobile GA 即時報表

義的即時數據捕捉，對吧？

　　除了可以知道APP的即時活躍使用者人數外，透過剛才所提到的使用者APP存取裝置比例，你就可以觀察到以「裝置為基礎」的即時行為差異。以圖表2-2為例，透過行動裝置來存取APP的使用者，無論是在「每分鐘畫面瀏覽頁數」或是「每秒鐘畫面瀏覽頁數」，所測得的數字都明顯高於透過平板電腦來存取APP的使用者。那麼，這種因為裝置不同所衍生出來的

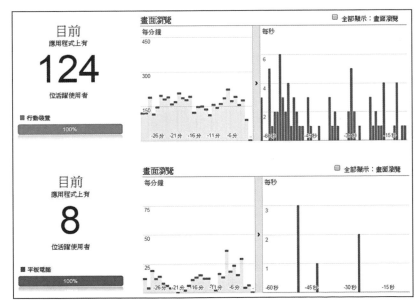

圖表2-2 不同裝置下的即時行為差異

APP使用行為差異，究竟該如何解釋呢？在試著解釋這個現象之前，你必須要有一個重要體認，那就是流量報表解讀並沒有所謂的對與錯，完全取決於你的所屬業態，以及分析者所切入的洞察角度。換句話說，不同業態或是不同流量分析目標，所解讀出來的指尖數據意涵可能就會存在差異。

◆**畫面瀏覽**

在圖表2-2裡，你應該不難發現，所謂的畫面瀏覽數是以「分」或「秒」來計算。然而較令人匪夷所思的是，不論哪一種計算單位，其橫軸（X軸）都是顯示負分或負秒（如-6分、-15秒）。這究竟是什麼意思呢？原來，這種負數表示法是要告訴我們，事件的發生時間已經距離現在過了幾分或幾秒，由於這張圖表是以紙本截圖的方式呈現，因此無法看見時間遷移的動態效果，在實際的Mobile GA平台中，你可以發現上述內容是會由右至左移動，表示愈靠左邊所發生的畫面瀏覽數，距離此刻愈遠。

換句話說，如果你發現距離當下所發生的畫面瀏覽數愈多，表示你的即時行銷響應程度愈高。還記得在本章開頭曾經提過「事後反饋」的重要性嗎？當你得知即時行銷成效後（結

果或好或壞），你肯定很想進一步得知，究竟哪些行銷方案獲
得顧客青睞，或哪些方案顧客根本不理不睬。你的機會來了！
以下所要介紹的「熱門畫面」，就是讓你實現事後反饋的最佳
利器。

◆ 熱門畫面

　　即時報表中有另一個重要的功能是：「熱門畫面」分析。
藉由這項分析，你可以得知使用者正在觀看 APP 中的哪一個畫
面，如同先前所提到的，當你在「畫面瀏覽」報表中發現即時
APP 使用流量增加，接下來就可以透過「熱門畫面」來得知，
究竟是哪些 APP 畫面引發即時流量。這也意味著，你可以透過
使用者觀看畫面的發生次數、以及觀看比例，來得知他們比較
注重 APP 使用過程中的哪個畫面或哪個環節。

　　以某電子商務 APP 為例，當下觀看人數排名第 1 名的畫面為
「購物首頁」、排名第 7 名的畫面為「保濕滋養霜」、排名第 9
名的畫面為「連帽外套」。假設這是你所經營的購物 APP，並
且試圖透過即時行銷手法來增加業績，熱門畫面分析除了告訴
你多數顧客正在 APP 首頁徘徊，也提醒你保濕滋養霜與連帽外
套在相較之下，並沒有受到太多關注。

感受到了嗎？比起過去在促銷方案上架後忐忑不安的心情，這種分析是否讓你感覺明確許多了呢？「即時把握」＋「事後反饋」是不是讓你增加不少安全感了呢？這就是 Mobile GA 即時報表的威力所在！

◆ 熱門地區

至於「熱門地區」分析，除了承襲前面所提到的即時概念外，另外以地區為單位，告訴你當下的 APP 使用者是來自世界各地的哪一個地區。以圖表 2-3 為例，熱門地區報表透過圓圈大小，來表示特定區域流量的多寡。圓圈愈大表示指尖流量愈高，因此你可以發現，來自印度尼西亞首都雅加達（Jakarta）的流量，在此時此刻明顯高於世界其他地區。

緊接著我們來看看幾個實際案例，相信你會對「即時把握」＋「事後反饋」有更深刻的體悟。知名餐飲業者 85 度 C 提供促銷活動，該活動言明：只要在特定地區分店購買咖啡豆，即可享有買 2 送 1 的優惠方案；另外還有某家電影院推出敦親睦鄰方案，只要是居住在南港或汐止地區的民眾，看電影皆可享有折扣的優惠。這兩種促銷方案的共同點，就是利用「地區」與「網路訊息傳遞」來實施行銷活動，因此透過熱門地區

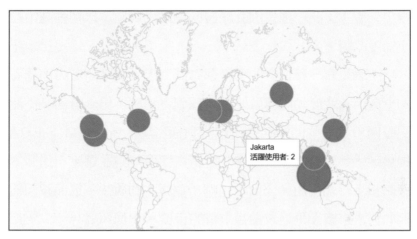

圖表2-3 熱門地區分析

報表可以得知，促銷活動上架後的立即性地區成效。如果你發現某個特定地區的流量不佳，那就表示你的行銷力道有待加強，或是檢討行銷手段是否未能確實達到預期成效。如果你所經營的APP涉及「地區」概念，那就趕緊使用熱門地區分析來看出端倪吧！

◆熱門應用程式版本

　　經營APP的人士幾乎都會遇到兩種與版本有關的狀況：一種是為了新增某些功能，所以必須大幅度修改操作介面、甚至

推出新版本；另一種是因為開發初期尚欠周延，以補強為主的小幅度改版。

不論是哪一種情況，勢必都會感到天人交戰，一方面擔心APP會因過度變動而導致使用者感到不適應，另一方面又不能眼睜睜看著那些問題存在而招致負面影響。所幸，Mobile GA提供了「熱門應用程式版本」分析，讓你能夠在選定上述版本策略後，得知使用者開啟的是哪一個版本的APP，進而按照他們的需求來讓APP達成精益求精的目標。

假設某個APP最新的2.2.5版本，位居熱門應用程式版本排行第1，表示該版本很可能獲得了大多數使用者的青睞。然而，然而進一步看下去卻發現，較早的2.2.1版本，使用人數竟然高於較新版的2.2.4版本。此時，我們可以先下個結論：乍看之下，最新的2.2.5版本似乎推廣得頗為順利，但實際上仍有許多使用者不願意升級至最新版。換句話說，並不是版本較新就能夠說服使用者升級他們的APP。

因此，假如你想把推廣重點放在最新版的APP，建議你可以利用APP上架平台（如APP Store、Google Play）裡的使用者回饋意見，來掌握他們對於最新版APP的評語及評分。值得注意的是，如果你發現報表中存在上述的版本矛盾現象時，你恐

怕必須去思考：「當前版本是否不相容於大多數的手機規格？」
或「前一個版本對使用者來說是否已經是最佳版本？」如果情
況屬於前者，就要在最短時間內改善APP的相容性問題；如果
情況屬於後者，試著找出使用者不願意更新的原因。

根據筆者經驗，使用者不願意更新APP的因素有百百種，
其中較常見的原因包含：

● 不願意花時間學習新版本APP操作
● 不知道已經有新版本APP推出
● 不願意付費購買新版本APP（以付費型為前提）
● 新舊版本APP各方面差異不大
● 舊版本APP功能已經能滿足使用者需求

看到這裡，你一定覺得很納悶，究竟「熱門應用程式版
本」與「即時把握」＋「事後反饋」有什麼關聯呢？當然有，
而且相關度極高！試想，如果你經營的是營利型APP，但某些
功能或即時促銷內容卻只能在新版本上呈現，這不就等於是間
接宣告說，你打算放棄舊版本的使用者嗎？相信聰明的你，絕
對不會跟能夠賺錢的事過不去。然而，即使你經營的是非營利

型APP，一定也會想知道，究竟在特定時段下，你所訴求的非營利組織事項（如宗旨、活動、捐款等），在哪個版本APP的使用者中最能受到響應吧？無論如何，趕緊透過熱門應用程式版本分析，即時掌握使用者對不同版本APP的青睞程度吧！

維持關注熱度：Mobile GA 目標對象分析

　　人們在擇友的過程中，往往會依照自己的個性、品味、甚至興趣來找尋摯友。率直的人身邊會聚集許多真性情的朋友，喜歡運動的人通常也是自成一群，即使將場景轉換到商業上也是如此。我們都知道，消費者較能接受客觀第三方，如其他擁有購買經驗的人所給與的購物意見，原因不外乎是，那些人擁有寶貴的購物體驗，如果能夠將所體驗到的一切，提供給沒有購物經驗的消費者，那麼接受意見的人自然就能夠降低購物的不確定性。而此現象在於「意見提供方」與「意見接受方」彼此間具有相似興趣或喜好時，特別奏效。

　　藉由興趣或喜好對應，沒有購物經驗的消費者心裡可能會想：「天啊！怎麼會這麼巧，居然有人跟我一樣喜歡同樣的東西，可見這件商品確實是我的最佳首選！」這就是「方以類

聚、物以群分」的威力，也是維持 APP 熱度的關鍵所在。身為 APP 經營者的你，必須藉此掌握使用者特性，鎖定目標對象以瞄準商機，Mobile GA 的「目標對象分析」除了可以協助你鑑別不同特性的 APP 使用者外，更可以幫助你彙整出具有相同特性的 APP 使用者。

活躍使用者

方以類聚、物以群分第 1 招：辨別哪些使用者是你 APP 的活躍使用者。由於 APP 使用者人數每天都在變動，可能會增加也可能會減少，所以如果能夠針對使用者人數增減加以掌握，APP 建置與維護成本降低才能有所參考。一般情況下，APP 使用者約略可分為「活躍使用者」及「非活躍使用者」兩種。

什麼是活躍使用者呢？曾經存取過你 APP 的使用者都可被視為活躍使用者，相反的，已卸載或是已安裝卻不再透過 APP 與你互動的，就是非活躍使用者。這裡所指的「活躍」，在不同情境下，定義可能會大相逕庭。例如：相較於初次使用 APP，重複使用 APP 的使用者可被視為活躍使用者；在特定期間內，使用者需要開啟多少次 APP 才能被視為活躍使用者；使

用者是否如你所預期，在 APP 上從事特定活動，如預期參與相關活動的使用者，則可被視為活躍使用者。

　　有鑑於此，經營 APP 的你，就要針對自己的營業性質訂定專屬的「活躍」定義。以 Mobile GA 來說，所謂的活躍使用者是指：在報表日期區間內，觀察到的 APP 頻繁使用者人數（非重複使用者），此處的頻繁是以1天、7天、14天或30天做為計算單位。以圖表2-4為例，雖然說1天活躍使用者人數的變化起伏不大，但14天活躍使用者人數卻開始出現緩降的情形（見箭頭處），這也許可以說明：使用者在初次接觸該 APP 時感到新鮮，但經過兩週後，那些與 APP 邂逅時所產生的新鮮感早已逝去。

　　這個現象，可以用前陣子夯到不行的手機遊戲 Pokémon Go 來說明。在亞洲國家，似乎每個人都對這款遊戲趨之若鶩，已上市地區下載率皆以突破千萬次來計算，即使是未上市地區，人們也都摩拳擦掌等待上市那天到來。但在美國，續航力卻不如預期，上市不到一個月，下載率就已經觸頂。

　　這同時說明了路遙知馬力的道理，因此 APP 在上架初期的表現僅供參考。上述不同日期區間的比對手法如同股票趨勢圖一般，會將股價分析線圖分為日線、周線、月線等，再透過這

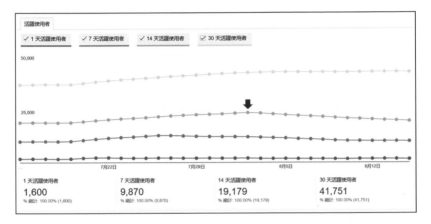

圖表2-4 活躍使用者分析

些數據結果，讓投資者得以判斷一家公司的股價表現，進而做出正確的投資決策。經營一款APP就像是在投資股票，身為經營者的你，必須投資精力或財力在維持活躍使用者人數，如果活躍使用者人數的規模已達飽和，就必須設法讓非活躍使用者轉換為活躍使用者。

效期價值

方以類聚、物以群分第2招：正確辨識出具有價值的APP使用者。網路行為研究領域中，經常以點閱率（Click Through

Rate, CTR）、每次動作成本（Cost Per Action, CPA）、每次點擊成本（Cost Per Click, CPC）等指標，來判斷訪客對網站經營所帶來的貢獻。然而，這些片斷指標的衡量結果，並不等於經營者所能獲得的長期成效。換句話說，CPC提升不必然會侵蝕利潤，有時反而會因此獲得更大的總體價值。有鑑於此，無論你經營的是網站、或是本書所強調的行動應用程式APP，都應該以非片面且整體的視野，來審視網站訪客或APP所能帶來的真實價值。

　　顧客終生價值（Customer LifeTime Value, CLTV）的概念，恰好與上述理念不謀而合，指的是在一定期間內，顧客能夠為企業賺進多少利潤。簡單來說，如果某位顧客無法在與企業互動期間帶來利潤，或是帶來利潤尚不足以支付企業延攬或維繫顧客所支出的成本，則可視該顧客為低價值顧客。雖然說顧客價值計算對企業來說非常重要，但並非所有顧客價值計算都一定是利潤導向，因此經營者必須依照自身業務性質或需求，賦與正確的顧客價值定義。

　　以APP經營情境來說，顧客終生價值的計算大概可以分為6大類，包含：

- 每位使用者工作階段持續時間
- 每位使用者工作階段數
- 每位使用者目標達成數
- 每位使用者交易量
- 每位使用者收益
- 每位使用者應用程式瀏覽量

　　工作階段持續時間，指的是使用者單次開啟APP時，使用的持續時間長度；工作階段數，可視為使用者開啟APP的次數；目標達成數與使用者收益，是指使用者依照你所預設的目標，確實從事特定作為的次數，並為你帶來多少金錢上的收益；透過使用者交易量，可得知個別APP使用者的貢獻度；至於應用程式瀏覽量，則是指使用者瀏覽你APP頁面的數量。

　　我們以Mobile GA中的「效期價值」，來說明APP使用者的終生價值。此項分析報表是以累積性（cumulative）的觀點來鋪陳，總時間長度為90天，換句話說，時間愈長、每位使用者所帶來的累積收益就愈高。

　　這樣的分析思維看似平淡無奇，但如果將「效期價值指標」加入「比較指標」中的「每位使用者工作階段數」，就可

以看到極具行銷意涵的現象，即使用者開啟APP的次數，並非與他們所帶來的收益成正比。把趨勢圖切換到以「月」為單位來表示，讓我們看得更清楚一點，如圖表2-5所示。

　　神奇的現象發生了，「每位使用者收益」竟然與「每位使用者工作階段數」發生死亡交叉（見箭頭處）！但請注意，由於圖表中兩條趨勢線在Y軸所使用的單位不同（金錢vs次數），所以分析者在解讀報表時必須格外謹慎，並試著比對每位使用者收益的增加程度，與每位使用者工作階段數的增加程度，判斷兩者間是否具有重要的意涵，也許開啟APP的次數提升，也無法保證收益提高呢！試想，如果沒有上述對於顧客終

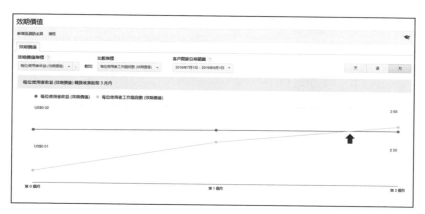

圖表2-5 效期價值分析

生價值的開釋，你是否還在執著於使用者開啟APP次數這種甜
蜜的毒藥呢？

　　如圖表2-6所示，對照雷克海（Reichheld）於1990年提出
的顧客終生價值曲線，APP在上架初期可能會廣受好評，但初
期所能帶來的價值也可能不高，畢竟會有許多使用者延攬成
本。不過，當APP使用者被你延攬成為顧客，並透過各式手法
來慰留他們後，你或許會覺得一切的行銷作為總算沒有白費。
但請注意，此時危機才正要發生，就如同你我皆知的，同質性

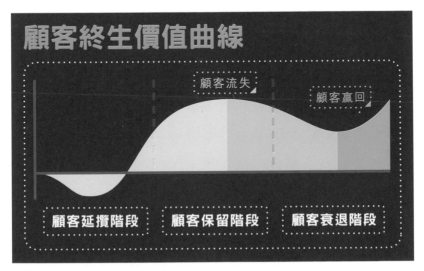

圖表2-6 顧客終生價值曲線

APP競爭者眾，使用者一不小心就會流失，趕緊透過效期價值分析，把他們贏回來才是明智之舉！

應用程式版本

天啊，費盡千辛萬苦建置好的APP居然有bug耶！該視而不見呢？還是長痛不如短痛，砍掉重練呢？

這樣的情境，身為APP經營者的你一定能夠感同身受。其實，隨著資訊技術日新月異，任何APP功能修改或推陳出新都在所難免。如果採取修改策略，要擔心現有使用者是否能適應更新後的功能或介面；如果採取全面換新，要擔心的恐怕比適應與否還來得更早，那就是APP的下載成效。

無論如何，請趕快瞧瞧Mobile GA所提供的，方以類聚、物以群分第3招：應用程式版本分析。這項功能提供若干指標，包含：「工作階段」、「平均工作階段時間長度」、「單次工作階段畫面數」及「新使用者」。其中，工作階段用來計算APP的開啟次數，平均工作階段時間長度用來記錄APP開啟後的平均使用時間，單次工作階段畫面數是指單次開啟APP後的畫面瀏覽數，至於新使用者則是用來判斷APP使用者是否為第

一次開啟。

　　圖表2-7是以工作階段（APP開啟次數）為基礎，所鋪陳出的應用程式版本分析報表，共計有2.4.0、2.3.2、2.3.1、2.3.0、2.1.1等五個版本，各版本的上架先後順序為：2.1.1、2.3.0、2.3.1、2.3.2、2.4.0，而2.1.1、2.3.0、2.3.1屬於同一時間在市場上流通的版本。

　　大多數人都會認為，愈後面推出的版本勢必能較受使用者青睞，但事實果真如此嗎？其實不然。觀察圖中2.3.0與2.3.1的厚度就可以找到一些線索。雖然2.3.1的開啟次數略遜於2.3.0，但隨著日子一天天過去，2.3.1總算後來居上，這個現象再正常也不過了，畢竟2.3.1主要就是用來取代2.3.0，以便提供使用者更好的APP使用體驗。詭異的是，自從2.3.2問市後，原本開啟次數遙遙領先的2.3.1版本卻又再次輸給了老勁敵2.3.0（見星星處後）。到目前為止，我們至少證實了一件事情，那就是：愈晚推出的APP版本，其使用成效不一定比早推出的版本來得好。但究竟是發生了什麼事，才會導致這個詭譎多變的現象呢？

　　讓我們將比對指標切換到「新使用者」，看看圖表2-7的工作階段（APP開啟次數）中，含有多少第一次開啟APP的使

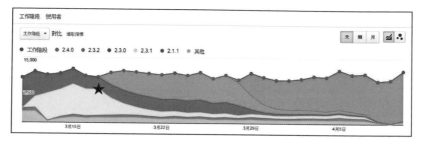

圖表2-7 應用程式版本分析 ❶

用者。結果顯示，2.3.2版本問市後，並沒有替APP經營者延攬更多使用者，反而導致原本的2.3.1版本使用者大量向2.3.2版本靠攏。推敲其主要原因，在於2.3.2版本的總開啟次數與新使用者開啟次數，兩條趨勢線呈背離狀況（見圖表2-8下箭頭處）。也就是說，2.3.2總開啟次數提升的原因並非由新使用者控制。同時，2.3.1使用者大幅下降，代表2.3.2總開啟次數提升的主因，是由於2.3.1使用者更新了版本，這個現象可稱之為「自我膨脹效應」，即新版本APP開啟次數看似提升，但其實貢獻開啟次數的人並非新使用者。所以說，自我膨脹效應如果發生在延攬APP使用者的行銷作為時，對APP經營者來說可能較為不利。

此外，2.4.0版本的總開啟次數與新使用者開啟次數，兩條趨勢線走勢較為一致（見圖表2-8上箭頭處），表示自我膨脹

效應一直持續到較大幅度改版的2.4.0版本上市後才有所改善。
由此可知，透過微幅度改版，APP經營者可以成功慰留原先已
經延攬完成的舊使用者；至於大幅度改版，則比較適合用來延
攬尚未成為APP使用者的對象。

　　值得注意的是，流量報表並沒有所謂的對與錯，端看APP
經營者如何依照自身特定業態給與正確的流量詮釋。你還記得
在本章開頭，我們提過表裡一體的流量藝術嗎？這裡的「表」
指的是你所擁有的各版本APP，「裡」指的是各版本APP的流
量表現，你目前運作中的APP名符其實了嗎？趕緊透過Mobile
GA的應用程式版本分析，找出解決之道吧！

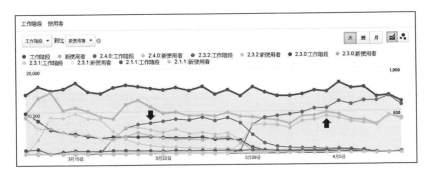

圖表2-8 應用程式版本分析❷

同類群組分析

方以類聚、物以群分第4招：同類群組分析。顧名思義，就是將 APP 使用者依照他們所展現出的共同行為特質，進行群組分析。在日常生活中，不難發現許多共同行為的群聚現象。例如，雖然每天都是早上8點出門離家，但這些人卻可以區分為上班族、菜籃族、莘莘學子等。在 Mobile GA 中，由於同類群組分析尚處於測試階段，故目前僅能從「同類群組類型」中，選擇以「轉換日期」為基礎的群組分析。請注意，此處所指的轉換日期，泛指由系統自動判定的、使用者與 APP 初次互動的日期。在確定同類群組類型後，首要之務是選定所欲分析的行為指標，在一般情況下，Mobile GA 以「使用者回訪」做為預設分析指標。換言之，APP 經營者可以透過以上描述，分析同樣在初次互動日期下，使用者過去7天的回訪率。

繼續將報表往下移動，可看見用漸層色所表示的同類群組分析結果，顏色愈深，表示回訪率愈高。其中 X 軸表示使用者與 APP 發生初次互動後的回訪率距離天數，Y 軸表示使用者與 APP 發生初次互動的特定日期。如圖表2-9所示，我們可明顯看出，除了第0天的回訪率是100%外（當天發生初次互動，

回訪率自然為100％），其餘天數的回訪率幾乎都是呈現下降的情況。確實，在大多數情況下，使用者對於APP的新鮮感，會隨著APP上架日期增加而逝去，這也是為什麼，經營者需要透過若干激勵手法來提升回訪率，然而，特定提升回訪率的手法究竟是炒短線、還是長遠的治本之道，這就見仁見智了。

再次以圖表2-9為例，2016年4月4日第5天的回訪率，已經從第1天的28.31％，下降至11.65％。然而，可能因為APP經營者施以若干激勵手法，導致其後第6天的回訪率回升至14.16％（見箭頭處），但這樣的回升榮景，卻在第7天時瞬間歸零。因此，如果你的經營目標為炒短線（如特定節日促銷），則上述報表內容堪稱成功達陣，但如果你的營運目標為長期慰留寶貴的APP使用者，那麼上述情況就要拿來好好警惕一番。同類群組分析除了可以協助APP經營者，輕鬆達到「方以類聚、物以群分」的效果，更難能可貴的加入「時間遷移」的概念，不但揭開APP經營成效的神祕面紗，更再次讓表裡一體的流量藝術顯露無遺。

	第0天	第1天	第2天	第3天	第4天	第5天	第6天	第7天
所有使用者 6,433 位使用者	100.00%	24.37%	13.90%	9.28%	6.06%	3.92%	2.19%	0.00%
2016年4月4日 996 位使用者	100.00%	28.31%	19.58%	15.96%	12.85%	11.65%	14.16%	0.00%
2016年4月5日 955 位使用者	100.00%	29.21%	22.30%	16.86%	13.51%	14.24%	0.00%	
2016年4月6日 833 位使用者	100.00%	29.89%	18.37%	14.53%	15.97%	0.00%		
2016年4月7日 809 位使用者	100.00%	31.77%	19.78%	19.28%	0.00%			
2016年4月8日 754 位使用者	100.00%	24.80%	22.94%	0.00%				
2016年4月9日 970 位使用者	100.00%	32.37%	0.00%					
2016年4月10日 1,116 位使用者	100.00%	0.00%						

圖表2-9 同類群組分析

使用者多層檢視

　　方以類聚、物以群分第5招：使用者多層檢視。從字面上
的意思來看，實在很難得知這項分析的重點功能為何，不過聰
明的你應該可以知道，關鍵就在「多層」這兩個字上頭。使用
者多層檢視在英文版介面的顯示名稱為 user explorer，顧名思
義，就是使用者探索器。要探索什麼呢？由於使用者在 APP 上
所展現出的行為詭譎多變，再加上經營者無法直接以面對面的
方式，觀察到每一位使用者，所以有必要透過若干工具，來記
錄與探索特定使用者開啟 APP 後所衍生出的一連串參訪行為，
因此透過 Mobile GA 得知特定使用者開啟 APP 後的使用行為，

正是「使用者多層檢視」的最大亮點。

在此，我們可以透過報表得知特定使用者（客戶編號）對
於APP的參訪資料，包含工作階段、平均工作階段時間長度、
收益、交易次數、目標轉換率等等。點擊客戶編號後，更可進
一步得知特定使用者在APP上所展現的深度參訪脈絡。

以圖表2-10為例，在左下方我們可以看到，該APP使用者
的轉換日期發生在2015年1月22日（轉換：指使用者初次與
該APP發生互動的日期），而該APP使用者的延攬管道是藉由
Direct直接輸入網址的方式達成（掃描QR Code也屬於Direct
直接下載）。除了右上方的工作階段、工作階段時間長度、收

圖表2-10 使用者多層檢視報表

益等指標統計資料外，所謂「多層」的概念，指的是右下方顯示的當日參訪脈絡。我們可以看到，該 APP 使用者在 2016 年 4 月 11 日下午 11:06 連續瀏覽了購物首頁，然後在購物首頁上觸發事件 A，接著瀏覽了首購加碼送，最後在首購加碼送觸發另一事件 B。

打鐵需趁熱，趕緊解讀以上現象吧：

首先，我們可以推敲該使用者屬於準夜貓族群，開啟 APP 的時刻幾乎集中在夜深人靜的時段。其次，你或許不難發現該使用者屬於可誘導型用戶，即使用者能夠依照 APP 經營者的期望，順利從事件 A 引導到事件 B（事件：一種點擊動作分析用詞）。

雖然 APP 經營者成功透過誘導的方式，讓該使用者透過事件 A 與事件 B 抵達「首購加碼送」，但最後卻未能實際下單貢獻營收。若該使用者不屬於首購會員，則不符合首購加碼條件，訂單自然無法成立；若該使用者屬於首購會員，卻在經過辛苦引導後，仍未衍生後續下單動作，則該使用者很有可能屬於理性型消費者，不會因活動而盲目下單。

看到這裡，想必你一定深刻感受到使用者多層檢視的威力。試想，如果不是經過上述「特定」且「多層」的行為脈絡剖析，勢必難以掌握使用者變化莫測的指尖行為。你是否已經迫不及待想要試試這個功能強大的分析呢？趕緊藉由自己專屬業態的實務經驗，來解讀使用者多層檢視報表吧！

客　層

方以類聚、物以群分第6招：客層分析。這個功能可以讓APP經營者具體知道，APP使用者的年齡與性別分布情況。以營利型購物APP為例，使用者年齡與性別分布，和多數市調公司的研究報告如出一轍，即多數使用者集中在35到44歲，且女性比例大於男性。

上述性別分布的說法，是以工作階段（APP開啟次數）做為分析基礎，但如果把重要指標調整成「平均工作階段時間長度」，APP使用者的年齡分布情況還是一樣嗎？在回答問題前，先來溫習一個超級老掉牙的寓言故事，那就是大家耳熟能詳的「龜兔賽跑」。兔子因自我感覺良好，輕忽對手勤能補拙的毅力，結果最後將冠軍拱手讓給烏龜。大家有沒有看出來，

重點在於「自我感覺良好」呢？我們在判斷自己APP的目標使用者時，是否往往太過主觀或是太過聽信各種市調報告呢？

事實上，不論是年長者或年輕人，同案例報告結果顯示，使用者的平均工作階段時間長度約略達6分鐘之久。換句話說，「使用者年紀」與「APP使用時間」兩者間的關聯性可能不高。如果你理所當然認為年輕人的耐心遠不如年長者，那就好像兔子以為自己必定會贏過烏龜一樣，最終結果往往出人意料。再者，我們姑且不管性別，6分鐘的平均使用時間，似乎能夠滿足迅速簡潔的購物流程需求，但如果以APP使用者黏度成效來看，6分鐘的互動程度恐怕差強人意，畢竟對大多數APP而言，使用者互動程度愈高，經營者就愈能趁勢掌握指尖商機。

年齡與性別是人類最基本的屬性，因此男女購物行為有別，不同年齡層所偏好的商品也不盡相同。身為APP經營者，提升成本效益是必要的，但應該要避免投放廣告於價值不高的消費者身上。以圖表2-11為例，該APP從年齡層維度中可以看出，使用者多半是介於35到55歲間的壯年人士，占所有使用者的65%左右。此時，經營者可根據這個年齡層著手規劃行銷作為，例如為因應此年齡層的老花眼問題，可以放大APP字

□	年齡層 ?	工作階段 ? ↓	畫面瀏覽 ?	單次工作階段畫面數 ?	平均工作階段時間長度 ?
		378,764 % 總計: 63.80% (593,645)	4,514,732 % 總計 61.74% (7,312,359)	11.92 資料檢視平均值: 12.32 (-3.23%)	00:05:51 資料檢視平均值: 00:05:48 (0.86%)
☑	1.　35-44	155,019 (40.93%)	1,847,087 (40.91%)	11.92	00:05:54
☑	2.　45-54	93,183 (24.60%)	1,113,630 (24.67%)	11.95	00:06:29
☑	3.　25-34	85,856 (22.67%)	1,096,537 (24.29%)	12.77	00:05:25
☑	4.　55-64	22,732 (6.00%)	239,277 (5.30%)	10.53	00:06:09
☑	5.　18-24	18,495 (4.88%)	179,334 (3.97%)	9.70	00:03:49
☑	6.　65+	3,479 (0.92%)	38,867 (0.86%)	11.17	00:05:43

圖表2-11 客層分析

體，或抓住此年齡層對品牌忠誠度相對較高的特性，只推薦並投放特定品牌廣告給消費者參考，以省下不必要的資金浪費。

　　此外，就性別差異而言，男性通常屬於理性型消費者，在購物時會較強調商品的功能性及實用性，業者在投放廣告的過程中，可以從這個特性著手，進而成功吸引男性消費者的目光。相對的，女性多半屬於感性型消費者，投放廣告時可以強調商品的美感及細緻程度。綜合以上說明，面對不同型態的消費者，業者要能夠提出不同的因應策略，才能達到真正的「方以類聚、物以群分」。

興　趣

　　「學習必須要依照自己的興趣，才能開創屬於自己的一片天地。」這句話相信大家都非常熟稔，那麼如果套用在APP經營上，想必也會有異曲同工之妙。大家都知道滿足顧客需求的重要性，更在經營APP的過程中不斷絞盡腦汁來滿足使用者需求，這麼做無非就是希望，能夠藉由投其所好的方式來滿足使用者。假設在與APP使用者接觸之前，就能事先得知他們的興趣所在，那麼你所推出的促銷方案，勢必可以擺脫亂槍打鳥的作為。

　　方以類聚、物以群分第7招：興趣分析。這是一種能夠讓APP經營者探查使用者興趣，進而推敲他們偏好的獨門偏方！有別於大家耳熟能詳的購物籃分析或關聯法則，Mobile GA所提供的興趣分析，不是以站內行為探勘方式來達成消費者偏好掌握，而是藉由使用者在APP以外的線上環境行為進行偏好蒐集，進一步統整與判斷。你是否覺得站內式購物籃分析成效不彰呢？又或者你是否想要掌握APP使用者的興趣，來推導出符合其偏好的行銷方案呢？趕緊來看看這個具有站外蒐集能力的興趣分析吧！

以圖表2-12為例，這是Mobile GA的興趣分析結果，左上方的「興趣相似類別」是以較為廣泛的視野，蒐集APP使用者感興趣的事物，例如排序第1與第2的熱門興趣分別是8.85%的低頭族（Mobile Enthusiasts）與7.84%的電影愛好者（Movie Lovers）。至於右方的「其他類別」，則是以更為具體的視野來蒐集APP使用者的興趣資料，例如排序第1與第2的其他興趣，雖然都與藝術及娛樂（Arts & Entertainment）有關，但第1的細項是電視或線上影集（TV & Video/Online Video），第2的細項則是與世界或東亞方面有關的音樂（Music & Audio/World Music/East Asian Music）。

然而，不論是「興趣相似類別」或「其他類別」，這些資料分析結果都只占部分的總工作階段流量，換句話說，你所看

興趣相似類別 (觸及率)	佔總工作階段的 69.36%
8.85%	Mobile Enthusiasts
7.84%	Movie Lovers
6.60%	Technophiles
5.32%	Music Lovers/Pop Music Fans
5.20%	Music Lovers/World Music Fans
4.68%	TV Lovers
4.17%	News Junkies & Avid Readers
3.85%	Travel Buffs
3.79%	TV Lovers/TV Drama Fans
3.37%	TV Lovers/Game, Reality & Talk Show Fans

其他類別	佔總工作階段的 68.73%
9.54%	Arts & Entertainment/TV & Video/Online Video
3.57%	Arts & Entertainment/Music & Audio/World Music/East Asian Music
3.36%	Arts & Entertainment/Music & Audio/Pop Music
3.02%	Internet & Telecom/Mobile & Wireless/Mobile Phones/Smart Phones
2.56%	Travel/Bus & Rail
2.44%	Arts & Entertainment/TV & Video/TV Shows & Programs/TV Dramas
2.38%	Games/Online Games
2.19%	Computers & Electronics/Software/Multimedia Software/Photo & Video Software

圖表2-12 興趣分析

到的興趣報表，只來自於你部份 APP 使用者的興趣資料蒐集，而非全體。為什麼會這樣呢？在回答這個問題之前，你必須先了解 Mobile GA 興趣分析的資料蒐集方式。

有別於網站流量分析使用 cookies 來記錄訪客參訪行為，行動應用程式 APP 是透過一組匿名且獨有的識別編號（anonymous unique ID）來蒐集使用者的行動裝置使用行為，換言之，取得這樣的識別編號，相當於取得其所對應的裝置使用行為，所以識別編號的追蹤方式非常受到行動廣告業者青睞，業者因此能針對使用者偏好，正確投放使用者感興趣的廣告內容。而 Mobile GA 興趣分析的資料蒐集方式，正是透過此識別編號來達成興趣資料的蒐集。其中，Android 系統稱此編號為廣告 ID（advertising ID），而 iOS 則稱此編號為廣告商專屬識別碼（Identifier for Advertisers, IDFA）。讀者可從 Google 資料夾中的設定 ➡ 廣告（Android）或設定 ➡ 隱私權（iOS）中，來發現這些編號。

答案揭曉了，原來不是每個行動裝置使用者，都願意把這項牽涉到隱私性的功能開啟，這也是為什麼興趣分析報表無法完整捕捉到 100% 使用者的主因，畢竟要讓你的 APP 使用者打開房間讓別人參觀，恐怕還需要花點力氣去說服才行。

這可真是一語驚醒夢中人啊！APP使用者有絕對的自主權，可以拒絕你對他所從事的資料蒐集動作，如果你覺得上述的興趣分析，足以帶來可觀的行銷助益，那麼是否該誠實的向APP使用者說明，你即將要對他們進行興趣資料蒐集呢？讓他們知道這樣非但不會侵害隱私，反而可以提供他們更切合所需的服務。只要誠實以對，相信大多數的APP使用者都會同意這樣的資料蒐集。

值得一提的是，Mobile GA興趣分析的資料是重複配對的，換句話說，一個APP使用者可以同時擁有多個興趣，如果你只參照圖表2-12的單項分析結果來制定行銷策略，恐怕有錯失良機之虞。不妨試著推廣具備複合興趣契合力的行銷活動，例如針對你想要推廣的商品拍攝微電影（契合Movie Lovers），並將微電影散布在行動裝置上（契合Mobile Enthusiasts），畢竟「複合興趣」遠比「單一興趣」更能貼近APP使用者的核心偏好。

地理區域

經商者每天勢必都會為了「客人在哪裡？」而絞盡腦汁

吧！這個問題即使放到APP也不例外，經營者經常會苦思：
「我的目標客群到底身在何方呢？」

方以類聚、物以群分第8招：地理區域分析。這項分析，可以讓你更為清楚得知APP使用者的地理位置。以圖表2-13為例，從某電商的APP流量分析來看，我們可以發現使用者除了來自台灣（Taiwan）之外，更有為數不少的使用者來自其他國度，如美國（United States）、英國（United Kingdom）、印度（India）等。

許多經營者看到這樣的報表，幾乎都會很衝動的思考：自己是否應該在APP上，提供各國使用者所能對應的語言內容呢？這個答案對也不對，對的部分是，提供多國語言，確實能

國家/地區 ?	工作階段 ? ↓	畫面瀏覽 ?	單次工作階段畫面數 ?
	100,124 % 總計: 100.00% (100,124)	51,181 % 總計: 100.00% (51,181)	0.51 資料檢視平均值: 0.51 (0.00%)
1. ▇ United States	33,330 (33.29%)	8,476 (16.56%)	0.25
2. ▇ United Kingdom	9,333 (9.32%)	966 (1.89%)	0.10
3. ▇ India	4,021 (4.02%)	3,520 (6.88%)	0.88
4. ▇ Brazil	3,592 (3.59%)	3,562 (6.96%)	0.99
5. ▇ Taiwan	2,956 (2.95%)	2,137 (4.18%)	0.72
6. ▇ Saudi Arabia	2,754 (2.75%)	1,347 (2.63%)	0.49
7. ▇ Canada	2,661 (2.66%)	387 (0.76%)	0.15

圖表2-13 地理區域分析

滿足使用者想看到自己母語的希望；不對的部分是，也許那些來自其他國度的使用者其實是華人，只是身在國外罷了。

如果這個推論正確，在 APP 上增加多國語言顯示，恐怕是徒勞無功。所以我們到底有什麼辦法，能夠真正判斷地理位置的準確性呢？將報表的「次要維度」切換到「語言」，你就能同時呈現複合維度分析，也就是「國家」＋「語言」，假設流量雖然顯示是來自於台灣，但其行動裝置所使用的語言卻是簡體中文，那這些使用者就很有可能是來台灣觀光或工作的大陸人士。

藉由以上的複合維度交叉分析，相信你會對單一維度中所顯示的地區精確度更具信心。當你發現複合維度所呈現的地區及語言流量有增無減時，考慮提供使用者不同語言版本的內容才會有其必要性。

截至目前為止，大家可能會對 Mobile GA 提供地理區域分析的資料蒐集方式感到納悶，但這裡所使用的資料蒐集方法其實非常直觀，也就是蒐集使用者行動裝置的上網連線 IP。例如，使用者在新北市三重區開啟行動裝置的行動上網功能，並且開啟你的 APP，此時 Mobile GA 會以當下基地台所分配到的 IP 進行地區判斷，而此做法最大的缺點在於「行動」兩字。換

句話說，除非該位使用者的居住或上班地點位於三重，否則假如他是以移動狀態在使用你的 APP，此時使用者所在地區的行銷參考價值就會大幅降低。無論如何，Mobile GA 已經盡可能的縮小其地區顯示範圍，藉由此方式來提高精確度。以台灣而言，最小地區可以顯示至「鄉」或「鎮」。

最後來談談「國家／地區」下可能會出現的「not set」狀況。試想，當你滿心期待打算透過地區分析來得知你的 APP 使用者身在何處，但卻無法正確顯示，那也未免太悲劇了吧！究竟是什麼原因，導致 Mobile GA 無法正確顯示呢？原來是 Mobile GA 無法偵測到使用者連線時所分配到的 IP 所致（如採虛擬網路連線方式）。如果你真的遇到這樣的狀況，也只能安慰自己說：「我遇到從火星來的使用者了！」

新訪客與回訪者

小平是一位燒肉愛好者，三不五時就會上燒烤店大快朵頤一番，順便還可以跟三五好友把酒言歡。就在某天，他飢腸轆轆的來到一家熟悉的燒烤店，入座後店員隨即開啟 SOP 模式，叨叨絮絮的解說用餐方式及規定。他心想：「拜託！我都已經

來過這麼多次了，店員居然還可以嘰哩呱啦介紹一堆，都快餓扁了！」於是小平只好打斷店員的好意，告訴對方他已經是老主顧了。這個故事啟示我們，如果你的客人是回頭客，就不要用對新顧客的方式去接待；但如果你的客人是頭一次光顧，你可千萬不要不理會他們的來訪啊！

　　方以類聚、物以群分第9招：新訪客與回訪者分析。這項分析可以讓APP經營者清楚得知，使用者究竟是屬於新訪客或回訪者。以圖表2-14為例，在184,996的所有APP開啟次數（工作階段）中，有高達118,718次屬於回訪者，所以此APP獲得了相對高的64.17%回訪率。

　　試想，如果你從APP流量分析中掌握到這樣的訊息，該如

圖表2-14 新訪客與回訪者分析

何調整你的行銷策略呢？這個問題當然沒有標準答案，你或許可以針對歷史指尖紀錄，提供使用者投其所好的促銷廣告，你也可以直接把使用者引流到老顧客專屬的優惠頁面。最忌諱的是，你黑白不分的把兩大 APP 使用者族群混淆，輕者可能會發生類似小平制止服務員嘮叨的窘境，使用者或許還有耐心自行尋找符合所需的內容；重者倒是有可能會轉移到其他重視他們的 APP 上消費呢！

最後大家是否感到好奇，究竟 Mobile GA 如何判斷 APP 使用者是屬於新訪客或回訪者呢？答案其實很簡單，在安裝 Mobile GA 到 APP 時，Google 就會在你的 APP 中植入獨一無二的使用者識別碼（unique client ID），除了首次開啟 APP 的使用者會被視為新訪客外，其餘開啟兩次以上的使用者都會被歸類為回訪者。如果使用者將 APP 卸載後再次安裝，開啟時會是屬於新訪客或回訪者呢？別忘了，使用者識別碼是不會重複的，所以如果發生這樣的狀況，Mobile GA 當然是以該識別碼重新進行新訪客或回訪者判斷，除非使用者將行動裝置恢復為原廠設定後才再次安裝 APP，否則單純移除後再次安裝，仍會被判定為是回訪者。

忠誠度

　　除了同前述那樣得知 APP 使用者的累積回訪次數（工作階段）外，我們是否可以得知這些回訪次數是由多少次 APP 開啟所貢獻的呢？那有什麼問題！方以類聚、物以群分第 10 招：忠誠度分析。這項分析，會讓你更進一步找出具有價值的 APP 使用者。

　　以圖表 2-15 為例，我們可以看到「工作階段例項」這個新名詞，其實指的就是特定日期區間內 APP 實際的開啟次數。如果以前述小平光臨燒烤店的例子來看，工作階段例項就是指小平實際進入燒烤店的次數。看仔細了！是實際開啟 APP 次數或實際入店次數，換句話說，實際開啟 APP 充其量只是必要條件（小平進入燒烤店也不一定會消費），還必須觀察使用者是否確實從事我們期待他們去執行的事項（如註冊會員、放入購物車、結帳等）。

　　因此，除了工作階段例項與工作階段這兩項指標外，還必須觀察平均工作階段時間長度、單次工作階段畫面數、甚至是目標轉換率，這樣分析出來的 APP 使用者忠誠度才不至於失真。圖表 2-15 中，開啟 APP 次數較低的使用者，雖然擁有較

高的「平均工作階段時間長度」與「單次工作階段畫面數」，
但其「目標轉換率」卻明顯比開啟APP次數較高的使用者還要
低。這是否表示，我們不應該繼續迷信APP黏度呢？即使用者
瀏覽畫面數愈多或是使用APP時間愈長，也未必能夠直接與目
標轉換率扯上關係呢！

　　除此之外，大家應該都聽過所謂的80/20法則吧！快看看
主要具貢獻度的APP使用者是否都集中在特定少數的「工作
階段例項」呢？沒錯，雖然圖表2-15下面幾項的「平均工作階
段時間長度」與「單次工作階段畫面數」相對較低，但在「目
標轉換率」或「工作階段」卻都是首屈一指。最後提醒大家，
「工作階段例項」是以特定日期區間來計算，圖表2-15的日期

工作階段例項	工作階段	平均工作階段時間長度	單次工作階段畫面數	目標轉換率
1	28,785	00:10:52	35.05	0.11%
2	21,219	00:06:32	20.75	0.20%
3	18,411	00:05:58	18.76	0.34%
4	16,366	00:05:52	18.60	0.51%
5	14,813	00:05:52	18.57	0.47%
6	13,626	00:05:35	18.10	0.48%
7	12,570	00:05:35	17.76	0.57%
8	11,694	00:05:35	17.33	0.58%
9-14	57,939	00:05:28	17.40	0.63%
15-25	71,628	00:05:36	17.63	0.79%
26-50	92,968	00:05:43	17.77	0.79%
51-100	87,238	00:05:46	17.64	0.58%
101-200	62,675	00:06:03	18.16	0.43%
201+	51,064	00:06:46	18.29	0.32%

圖表2-15 忠誠度分析

區間為2個月（即2個月內所發生的工作階段例項），如果調整不同的日期區間，或許可以看出不同的流量祕密也說不定。

回訪率

忠誠度分析是以APP開啟次數為計算標準，回訪率分析則是以APP開啟間隔天數，來表達使用者對APP再次使用的情況，也就是「工作階段的間隔天數」。多數使用者在間隔不到1天內就再次開啟APP，而APP開啟的間隔天數愈長，其所伴隨的工作階段數就愈低。換句話說，時間隔得愈久，APP使用者流失情況就愈嚴重。這種看似再合理不過的現象，卻隱藏著不少祕辛。以圖表2-16為例，「最初工作階段」的「平均工作階段時間長度」與「單次工作階段畫面數」相對較多，相信不少APP經營者會對此感到開心，覺得自己費盡心思完成的APP，竟可以獲得如此高的使用時間長度與瀏覽頁數。但是繼續看下去就會知道，這一切很可能都是假的！這是為什麼呢？

仔細看看右下方的目標轉換率，雖然APP開啟次數（工作階段）會隨著間隔天數增加而遞減，但其所附屬的目標轉換率卻呈現遞增狀況。沒錯，這就是「酒是陳的香，顧客是老的

工作階段	平均工作階段時間長度	單次工作階段畫面數	目標轉換率
579,583	**00:06:04**	**18.12**	**0.20%**
% 總計: 100.00% (579,583)	資料檢視平均值: 00:06:04 (0.00%)	資料檢視平均值: 18.12 (0.00%)	資料檢視平均值: 0.20% (0.00%)

工作階段的間隔天數	工作階段	平均工作階段時間長度	單次工作階段畫面數	目標轉換率
無 (最初工作階段)	29,212	00:10:50	33.78	0.04%
< 1 天	309,244	00:06:15	17.55	0.13%
1	75,375	00:05:14	16.50	0.17%
2	36,313	00:05:10	16.39	0.22%
3	22,169	00:05:14	16.95	0.31%
4	15,511	00:05:20	17.38	0.26%
5	11,377	00:05:21	17.47	0.29%
6	9,162	00:05:16	17.32	0.24%
7	7,080	00:05:23	17.22	0.21%
8-14	26,789	00:05:17	17.40	0.43%
15-30	20,141	00:05:20	17.45	0.61%
31-60	10,485	00:05:20	17.24	0.74%
61-120	5,247	00:05:34	17.92	0.71%
121-364	1,478	00:06:36	20.27	1.22%

圖表 2-16 回訪率分析

好」的概念。想想看，如果你經營的是實體商店，但你的老顧客再次蒞臨時卻不願意掏錢消費，你豈不是每天都得祈禱新顧客的開發市場千萬別飽和嗎？

方以類聚、物以群分第11招：回訪率分析。這項分析能扮演輔助忠誠度分析的角色，提供APP經營者更具洞察力的指尖流量觀測。如果說前面所提及的忠誠度分析，是專門用於觀測APP開啟的頻繁程度，那麼這裡所提及的回訪率分析，則是專門著重在觀察使用者開啟APP的間隔時間長短。因此，建議APP經營者可以把忠誠度分析與回訪率分析結果，分別以策略

方格的方式，來建構 X 軸與 Y 軸，如圖表 2-17 所示。

其中，X 軸可視為忠程度分析裡的工作階段例項（APP 開啟次數多 & APP 開啟次數少），而 Y 軸則可視為回訪率分析裡的工作階段間隔天數（APP 開啟間隔天數長 & APP 開啟間隔天數短），至於方格中的 A、B、C、D，則可視為不同情況下所交織出的因應對策。

以方格 A 為例，這類型的使用者雖然間隔好幾天才會再次開啟 APP，但在每次開啟 APP 的特定期間內，會不斷反覆開啟 APP 數次，因此可將他們歸類為「重度功利傾向」使用者。換

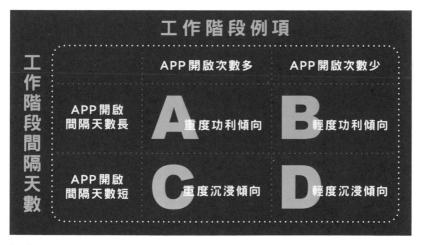

圖表 2-17 策略方格

句話說，當他們有目的需求時，才會移動指尖來開啟 APP，且開啟次數相當頻繁。例如某人隔了許久才上街購物，然而在逛街的過程中，多次開啟第三方支付 APP 來購買許多商品。

接著來看看，方格 B 所描述的指尖行為。這類型使用者不但間隔好幾天才再次開啟 APP，而且在特定期間內，也只會開啟若干次、甚至一次，因此可將他們歸類為「輕度功利傾向」使用者。相對於重度功利傾向使用者，開啟 APP 只是為了滿足一次性或非連續性需求。例如某人隔了許久才上街購物，而且在逛街的過程中，也只開啟過一次第三方支付 APP 以購買單件商品。

方格 C 所闡述的指尖行為，必須符合 APP 開啟次數多且 APP 開啟間隔天數短的特性，在什麼情況下，使用者會演示出如此的行徑呢？這個答案應該不難猜測。有時候，使用者會不自覺打開 APP，並且在上頭滑呀滑的，問他們為什麼一直滑，所得到的答案不外乎是：「滑個心安吧！」這種現象，在日常生活中並不少見。例如許多人三不五時就把微博、Facebook APP 打開，漫無目的、由上往下不斷閱覽最新貼文，因此可將他們歸類為「重度沉浸傾向」的 APP 使用者。

至於被歸類在方格 D，屬於「輕度沉浸傾向」的 APP 使用

者，他們與「重度沉浸傾向」使用者共享類似特質，即開啟APP的間隔天數都不長，但在APP開啟次數方面卻有天壤之別。「輕度沉浸傾向」使用者開啟APP的次數遠比「重度沉浸傾向」的使用者還要少得許多。雖然這類型使用者會每天都開啟APP使用，但在一天內開啟APP的次數可能寥寥無幾。例如某位年輕有為的上班族，非得等到下班後才願意開啟微博或Facebook APP，悠遊自在漫步在社群內容上，即便如此，他也會自律的要求自己：指尖滑行運動每天不得超過一次。

看完以上四種策略方格後，想必你一定也會開始思索，自己所經營的APP究竟是屬於哪一個方格吧？其實這個問題並沒有標準答案，或許在你APP上的使用者同時涉及A、B、C、D四種方格傾向，又或許你的APP只側重於四種方格傾向中的特定幾種傾向。無論如何，請謹記：不同方格中的APP使用者具有不同的指尖傾向，你必須趕緊反思自己的APP經營方針，是否能夠滿足使用者的指尖需求。如果他們屬於「重度功利傾向」使用者，你不但得關注APP是否順利被使用者開啟，還得額外重視APP開啟後的使用者體驗，畢竟他們可是會不斷重複開啟你的APP呢！

反之，如果使用者屬於「輕度功利傾向」使用者，與其強

調APP是否順利被使用者開啟，還不如給與APP開啟後的使用者體驗多一點關注，因為使用者久久才與你的APP互動一次，不趁此時把握與他們互動的機會，更待何時呢？但是，如果你發現你的APP，被使用者開啟的間隔天數很短，也請別高興得太早，你還得仔細判斷：在這間隔天數很短的情況下，使用者是多次開啟APP，或者只開過一次APP？如此一來，你就得以在APP經營上事半功倍喔！

User-ID 涵蓋率

截至目前為止，你可能會有個疑惑，那就是：「行動流量分析有沒有辦法具體得知，哪些流量是由哪些特定APP使用者所貢獻的呢？」或是「我們只能夠以概括性視野，來大略得知整體APP使用者的流量分布情況嗎？」答案以上皆是。Mobile GA不但可以讓你得知APP使用者的一般性流量表現，更可以讓身為經營者的你具體得知，個別使用者的特定性流量表現。別懷疑，你沒有看錯！你可以透過User-ID功能得知，究竟是哪一位使用者在你的APP上做了哪些事情。

顧名思義，User-ID就是賦與APP使用者一組識別編號

（identification），透過這組獨一無二的識別編號，與使用者繫綁在一塊，Mobile GA 就能夠告訴你哪些流量是由哪一位特定 APP 使用者所貢獻。這個功能就好比身份證字號一般，每每到了年度所得稅申報時，相關應稅收入早就已經連結到你的身份證號碼，根本一筆都逃不掉。

方以類聚、物以群分第 12 招：User-ID 涵蓋率分析。這項分析協助你從總體行動流量中，區別哪些流量貢獻是來自於繫綁使用者（Assigned）、哪些流量是來自於非繫綁使用者（Unassigned）。做這樣的區隔，對 APP 經營者來說有哪些好處呢？讓我們繼續看下去。

相信大家對於麥當勞、肯德基、漢堡王及摩斯漢堡等速食餐飲業者，應該都不會感到陌生吧？以摩斯漢堡為例，該業者自 2016 年 3 月起推出新版本的會員卡「Mos Card 二代卡」，除了一般會員卡該有的優惠項目外，較令人矚目的是，二代卡提供 APP 線上訂餐與電子支付服務。但業者也不是省油的燈，千萬別以為享有上述會員卡尊榮服務是理所當然的，當消費者使用 APP 與二代卡時，相關指尖行為都會被悄悄記錄下來。更厲害的是，透過會員卡實名登錄機制，業者就能將行動流量分析的結果與會員卡編號繫綁，自此，會員的口味偏好也就一覽

無遺。比起其他同業，摩斯漢堡確實走在指尖大數據分析的前端，而這正好與剛才所提到的 User-ID 概念不謀而合。

　　有鑑於此，在自己經營的 APP 上使用 User-ID 涵蓋率分析，優點包含：辨別行動流量中的繫綁使用者與非繫綁使用者，由於前者之所以能夠被 User-ID 繫綁，表示該使用者已經登入 APP 會員專區，所以能推敲該使用者比未登入使用者有更高的消費機率，因此你可以為這些使用者推出專屬的廣告或促銷活動。

　　另外，假設你的 APP 使用者曾經在某天透過「手機」，在你的 APP 上從事商品搜尋動作，2 天後他又透過「另一支手機」，在你的 APP 上進行消費交易，卻在第 6 天利用他的「平板電腦」在 APP 上要求辦理退貨。以多數流量分析工具所提供的預設功能來說，無法辨識上述這三個流量環節，其實是源自於同一位使用者所貢獻。因此，透過 User-ID 功能，APP 經營者將可透過使用者識別碼來串聯這些看似無關的獨立流量環節。如果你的 APP 擁有會員登錄設計，可千萬別忽視這個重要且實用的功能喔！

裝置和網路

方以類聚、物以群分第13招，也是最終招：裝置和網路分析。這裡所說的「裝置」，是指使用者透過特定的行動設備來使用APP，而「網路」則是指使用者所採用的行動上網服務商（如亞太電信、中華電信、遠傳電信、台灣大哥大、台灣之星等）。得知使用者所採用的「裝置和網路」要做什麼呢？對APP的經營能夠有什麼幫助呢？

以圖表2-18為例，左上方有兩個維度，分別是「行動裝置資訊」與「服務供應商」，因而交織出：「使用特定行動裝置的APP使用者，其所採用的電信服務商為何？」見箭頭處，有39,903次工作階段（APP開啟次數）是以蘋果公司的iPhone做為APP開啟裝置，且其所使用的電信服務商為台灣大哥大（taiwan mobile co. ltd.）。指尖機會再次浮現了！雖然很少有使用者重複購買相同機型的行動裝置，但使用者對於電信商所提供的行動上網服務訂閱卻是持續的。此時不妨與電信服務業者異業合作，在使用者開啟APP的當下，適時在畫面上呈現促銷廣告，而促銷事項除了需要與APP內容直接對應外，也要能夠間接關聯至使用者慣用的裝置和網路。

	行動裝置資訊 ❓	服務供應商 ❓ ⊗	工作階段 ❓ ↓	畫面瀏覽 ❓	單次工作階段畫面數 ❓
			1,210,691 % 總計: 99.99% (1,210,774)	21,489,762 % 總計: 100.27% (21,431,078)	17.75 資料檢視 平均值: 17.70 (0.28%)
☐	1. Apple iPhone	taipei taiwan	142,902 (11.80%)	2,763,227 (12.86%)	19.34
☐	2. Apple iPhone	panchiao taipei hsien taiwan	52,064 (4.30%)	1,091,789 (5.08%)	20.97
☐	3. Apple iPhone	taiwan mobile co. ltd.　➡	39,903 (3.30%)	787,334 (3.66%)	19.73
☐	4. Apple iPhone	taiwan fixed network co. ltd.	22,818 (1.88%)	431,402 (2.01%)	18.91
☐	5. Samsung SM-N910U Galaxy Note 4	taipei taiwan	19,757 (1.63%)	331,434 (1.54%)	16.78
☐	6. (not set)	taipei taiwan	19,490 (1.61%)	294,363 (1.37%)	15.10

圖表 2-18 裝置和網路分析

　　以房仲APP為例，當使用者搜尋不動產物件時，其他業者在畫面上方顯示購物促銷廣告，同時強調這是給房仲APP會員的專屬方案，這就是一個非常典型的「異業結盟」案例。不過身為APP經營者的你，千萬別為了結盟而結盟，在行動流量分析的世界裡，也許有很多分析項目是可以「直接」聯想出行銷方案，但仍有些分析項目是無法從表面上看出端倪的，如同前面所介紹的裝置和網路分析。因此「異業結盟」的前提，最好是要能夠藉由流量報表的佐證，找出有助於APP經營績效的「間接」行銷方案，這樣才能算是真正具有指尖數據的轉化力（data derivability from fingers）。

重視流量監管：Mobile GA 情報快訊分析

　　火災是叢林殺手，在都市叢林中也不例外。大樓一旦發生火災，就有可能會延燒到另外一棟大樓，最後造成一發不可收拾的局面。因此，現在這個世代裡，在大樓各層裝設煙霧警報器，已經是不可或缺的消防項目之一，只要發生火災，警鈴就會響起，提醒大家盡速疏散。而這個警鈴是可以預先設定的，當煙霧達到一定濃度時，警報器會立刻響起。無獨有偶，在中國民俗故事中也有類似這樣的預警角色，那就是媽祖娘娘遶境陣頭的開路先鋒「報馬仔」，只要路上有什麼樣的狀況，報馬仔就會立刻通風報信。

「自動快訊」與「自訂快訊」

　　指尖流量分析工作，就好比是在大樓各層中設置的警報器或是媽祖娘娘的報馬仔，每當流量發生預警事項時（如使用者瀏覽APP畫面達5頁以上），Mobile GA裡的「情報快訊活動」功能，就可以在第一時間扮演報馬仔的角色，發送訊息給APP經營者，此舉就如同火災警報器一樣即時可靠。「情報快訊活

動」分為「自動快訊」與「自訂快訊」。我們先來談談前者，「自動快訊」相當於在非人為介入的情況下，接受火災警報器廠商的煙霧敏感度預設值。

Mobile GA 透過未公開的智慧演算法，自動判斷 APP 的流量變化，一旦偵測到指尖流量有任何顯著變化時，就會將所偵測到的變化提列到報表中。以圖表 2-19 為例，Mobile GA 偵測到 2016 年 12 月 4 日到 2016 年 12 月 10 日，這 7 天內的新訪客（New Visitor）工作階段有些微下降，變動幅度達 29%。值得一提的是，當 Mobile GA 判斷某項流量異動的重要性愈高時，該項流量異動紀錄也會被提示在報表較上方的位置。這項自動警報功能，就如同一棟大樓安置了智慧型火災警報器，只有當煙霧濃度達到重要門檻時才會觸發警報，但如果僅僅是有人違規吸菸，那麼只需要以微煙霧等級通報即可。

	指標	區隔	期間	日期	變更	重要性
1.	工作階段	使用者類型: New Visitor	每週	2016年12月4日 - 2016年12月10日	-29%	
2.	工作階段	使用者類型: New Visitor	每日	2016年12月6日	-31%	
3.	目標轉換率	使用者類型: New Visitor	每日	2016年12月7日	30%	
4.	收益	使用者類型: New Visitor	每日	2016年11月25日	48%	

圖表 2-19 情報快訊活動：自動快訊

看完以上內容，想必你會對「自動快訊」功能留下美好的
印象吧！但是如果你打算突破火災警報器廠商的預設框架，試
圖自行設定煙霧敏感度，這樣辦得到嗎？當然沒問題！接著，
就讓我們來看看「自訂快訊」的功能。在「情報快訊活動」的
「每日活動」、「每週活動」、「每月活動」報表中，都可以看
到「+建立自訂快訊」這個選項，而在建立快訊的過程中，可
以選擇你是要根據每天、每週、還是每月的資料變化量來觸發
通報功能。這些分類就如同觀察股票走勢一般，對於短期投資
者而言，或許較為注重日線走勢且必須時時關注盤勢變化；而
對於中期投資者來說，可能較為強調週線變化；至於長期投資
者，則需要關注月線變化且不需要時常盯盤。

情報快訊的重要性

以圖表2-20為例，APP經營者可以自行設定需要通報的條
件，例如：訪客跳出率小於30％的時候、或是目標轉換率大於
50％的時候進行通報等等，數值可以依照個人需求自行調整。
除此之外，還可以將此快訊透過e-mail的方式傳送給相關人
士。這個傳訊功能在實務上非常實用，例如：在一間較具規模

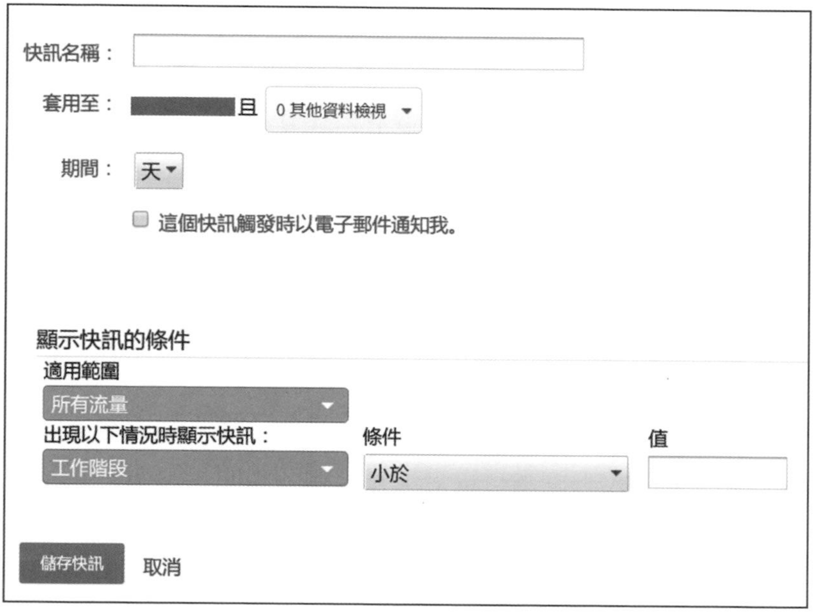

快訊名稱：

套用至： ▆▆▆▆ 且 0 其他資料檢視 ▾

期間： 天▾

☐ 這個快訊觸發時以電子郵件通知我。

顯示快訊的條件
適用範圍
所有流量 ▾
出現以下情況時顯示快訊： 條件 值
工作階段 ▾ 小於 ▾

儲存快訊 取消

圖表 2-20 情報快訊活動：自訂快訊

的公司裡，行銷團隊通常是由多人組成，透過開啟此功能，可
將通報訊息分享給團隊成員，一旦預設流量條件被觸發後，任
何經過授權的 e-mail 帳號都會接收到相同的快訊。

除了上述功能，情報快訊活動還是一位賢慧的助理，報表
中的「自動快訊重要性」有條拉桿，可以讓分析者依照指標的
重要程度進行分類，愈往右拉，重要程度就愈高，而且出現的
快訊內容也會愈少；而愈往左拉，重要程度相對較低，而且快

訊內容也會跟著變多，讓分析者可以在短時間內查詢不同重要程度的情報快訊。

值得注意的是，這裡指的「重要性」是由Google透過特殊的智慧演算法判斷而來，如同可口可樂不願意公布配方一樣，Google也未曾公開其演算法的內涵與做法。因此，除非你覺得可口可樂不好喝、Google不值得信賴，否則還是得重視系統所提示出來的情報快訊。

第 3 章

延攬指尖使用者

透過行動流量分析
取得先機

ABC行為模式

在網路行銷世界中，「ABC行為模式」是一個經常被提到的名詞。究竟什麼是ABC行為模式呢？其實，ABC行為模式指的就是：網站訪客從進站到離站為止，所展露出來的網路足跡。其中A是英文Acquisition的縮寫，意指訪客進站前的延攬作為，B是Behavior，意指訪客進站後的站內行為對策，至於C則是Conversion，用來判斷訪客離站前，是否依照網站經營者期望完成轉換行為。

雖然我們談論的是指尖行為而非網站參訪行為，但兩者在ABC行為模式中其實大同小異，即經營者期望藉由若干方式來延攬使用者下載APP、在使用APP的過程中，經營者觀察使用者的APP指尖行為，希望他們能夠長久使用而不要輕易移除、甚至期盼使用者能夠依照他們的期望從事特定轉換行為，如註冊會員、放入購物車等。自本章起，內容將陸續依照ABC行為模式安排，為各位介紹更為具體的指尖大數據分析。首先，是與APP使用者延攬有關的分進合擊技巧。

工欲善其事，必先利其器

大家對好萊塢賣座電影「機械公敵」應該感到不陌生吧？劇中描述機器人被人類濫用所導致的各項社會問題，其中一台機器人桑尼（Sonny）因為被研發者預先埋下伏筆，才未遭有心人士利用。FBI探員史普納（Spooner）為了釐清整件事情的真相，不斷從各方蒐集線索，希望能夠讓案情盡快水落石出。

某天，史普納協同機器人製造公司主管，通過「身分辨識系統」進入到機器人的存放倉庫，為了從滿坑滿谷的機器人中找出外觀一致但內心尚未被歹徒玷污的機器人桑尼，史普納發揮其身為探員的「敏銳觀察力」，掏出隨身「佩槍」，並將槍口隨機指向任一機器人，只要機器人懂得閃躲，就是有別於其他不懂得閃躲的機器人。

因此，如果要順利在茫茫大海中找出外在相同但內在有所差異的機器人（終極目標），就必須達到「工欲善其事，必先利其器」的境界，也就是上述所提到的「身分辨識系統」、「敏銳觀察力」及「佩槍」，相信如果少了其中一樣，尋找桑尼的工作勢必會變得事倍功半吧！這也是本章所要說明的重點：如何透過分進合擊的技巧，成功延攬APP使用者。

在這指尖運動當道的年代，相信在不久的將來，多數企業都會擁有自製APP的能力，即使是將APP開發的任務委外出去，也不會是什麼難事。取得專屬APP後的下一步，就是把APP上架到應用程式市集裡，這個動作幾乎是營利型與非營利型APP都會遵循的步驟。緊接著，APP經營者勢必都會設定一個共同目標，那就是希望APP能夠吸引更多使用者下載並安裝，如此營利型APP才能賺取更多收益，非營利型APP才能達成播散訊息的宗旨。身為APP經營者，你想不想知道自己的APP吸引力有多高呢？使用者又是透過何種方式下載並進行安裝的呢？

在回答這些問題之前，先來看一個生活中的案例：春暖花開的四月天剛過，炎炎夏日緊接著到來，蜜蜂揮動翅膀穿梭於花海，看似悠遊自在的徜徉於大自然的懷抱。其實，牠們可是身負重責大任的呢！在現代溫室裡，農人有時會借重蜜蜂的授粉能力，將牠們關在封閉式的栽種空間，期盼蜜蜂能扮演最佳授粉助手。想在開花後順利嘗到鮮美的果實，就必須經由授粉才能達成，這招在氣候變遷的今日更是有效且必要。而延攬使用者下載APP的行銷任務，就好比花叢吸引蜜蜂前來採蜜一樣，唯有植物蔬果授粉成功，後續結實時才會有經濟效益。如

同一個行動 APP，得先讓使用者有下載意願，才有可能進行後續的指尖行為抓取與分析，甚至是最終的目標轉換與達成，也就是接連 ABC 行為模式中的 B 與 C 環節。

再舉一個例子：任何公司在延攬新聘人才時，必定會從眾多候選人中慎重挑選，此時在招聘公司裡的上級主管可能會分工合作，對每一位應徵者進行評分，像是甲主管負責應徵者的學歷查核、乙主管負責應徵者的工作經驗檢視、丙主管負責應徵者的特殊能力測驗，雖然每個人負責的部分不同，但其目標卻具有一致性，都是要為公司找尋出優秀人才。

這好比「延攬」在 ABC 行為模式中，扮演著守門員的角色一般，不外乎是要了解 APP 延攬環節中，使用者是透過什麼樣的方式來發現自己所經營的 APP。是自行搜尋到的呢？還是受到廣告推銷吸引的呢？又或者是朋友分享推薦的呢？想當然耳，不同延攬誘因將會促使你採取差異化的行銷策略。換句話說，上述所談的，都是為了達成 APP 經營目標所必須重視的分進合擊要項。

那麼，在 APP 延攬環節中，我們應該注意哪些事項呢？Mobile GA 在談到延攬 APP 使用者時，是以「客戶開發」來稱呼，其中包含「新使用者」、「應用程式市集」、「來源」、

「AdWords關鍵字廣告」等，這些分析項目，可都是幫助你成功延攬APP使用者的最佳利器呢！

延續發燒：Mobile GA新舊使用者分析

重質同時也要重量

　　無論你的APP是自行設計或委外開發，在大功告成後一定會迫不及待想讓使用者趕緊嘗鮮吧？正因如此，只要能夠用最簡便、最低成本的方式上架，像是iTunes、Google Play、安卓市場等應用程式平台，勢必將成為你鎖定的APP推廣場域。可惜好景不常，過去或許只要將APP上架就能夠換得許多下載量，但現在許多APP上架後卻都乏人問津，原因不外乎是：平台上有許多性質相同的APP，彼此競爭著有限的下載量。如圖表3-1所示，根據comScore在2014年第2季的調查報告指出，竟有高達65.5%的美國成年民眾，過去每月的APP下載次數為0！下載1次的人只占全體的8.4%，而下載8次以上的人更是少之又少，只占全體的2.4%。這樣的現象正好說明：「使用者選擇在裝置內存放什麼樣的APP早已成為定局，下載APP這件事

其實只有你在關心而已！」

　　如果你也認同以上說法，難道我們就只能束手無策、眼睜睜看著APP埋沒在茫茫大海中嗎？答案當然是否定的。關鍵其實在於APP推廣策略聚焦，也就是釐清自己的APP究竟是「以量為重」或是「以質為重」。

　　以量為重的推廣導向通常較在意APP曝光率，期盼能夠在所有可能的接觸點，誘發使用者的「初次下載意願」；而以質為重的推廣導向，則是將焦點置放在APP的「持續使用意願」。看到這裡，你大概會想說：沒有初次下載，哪來的持續

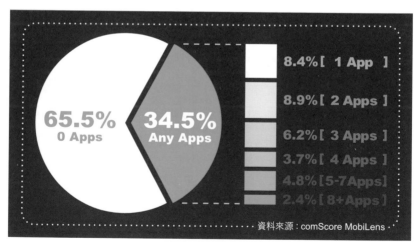

資料來源：comScore MobiLens

圖表3-1 美國成年民眾每月APP下載數

使用呢？此時，你會毫不猶豫的把重心放在APP初次使用者的延攬工作上，然而過度重視新使用者延攬，容易導致忽視舊使用者的持續使用意願，也就是所謂的「汰舊換新」思維。但請別忘記，不管是哪一種類型的APP，你的使用者總數遲早有一天會達到飽和，這時你才把腦筋動到舊使用者身上，恐怕為時已晚，畢竟他們已經被你冷落許久了！

雖然「初次下載」是「持續使用」APP的必要條件，但後者所帶來的威力絕對不容小覷！圖表3-2為電子商務APP經營模式簡述，以此圖為例，如果想要讓使用者在APP上進行一般性非高價商品的交易，一個大前提就是：他們得先對APP的使用感到興趣。換句話說，使用者對APP愈感到興趣，就愈有可能在APP上從事交易活動（如圖A+處）。無獨有偶，如果想要讓使用者在APP上從事資訊分享活動，除了同樣需要使用者自發性對APP的使用感到興趣外（如圖B+處），經營者更必須確保APP的資訊分享功能正常，如此才能夠透過資訊分享的方式，間接促成使用者在APP上從事交易（如圖C+處）。總而言之，當使用者對APP的使用愈感到興趣，就愈有可能在APP上將使用體驗或商品資訊分享出去，以落實電商APP經營的獲利目標。

　　以上說明看似簡單易懂，但落實起來可沒那麼容易，特別是將「最近一次造訪APP日期」考量在內時，APP經營成功的挑戰將更為嚴峻。以圖中D處為例，前面在A+處提到：「使用者對APP愈感到興趣，就愈有可能在APP上從事交易活動。」這個推論有可能會受到使用者最近一次造訪APP日期的影響而改變，即使用者最近一次造訪APP日期愈近，愈可以強化A+推論裡的正向關係。這也提醒大家，我們是否應該以「溫故知新」來取代「汰舊換新」思維呢？

　　很明顯的，如果使用者僅僅是下載後就不再繼續使用

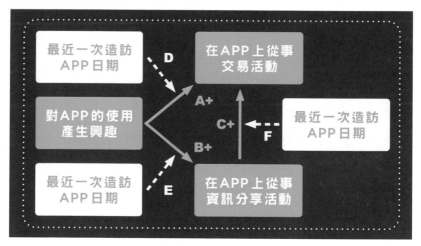

圖表3-2 電子商務APP經營模式簡述

APP，即使用者最近一次造訪APP日期愈來愈遠，A+中的正向關係強度勢必無法提升，因此經營者應當採取「質量並重」的APP推廣策略。圖中E處與F處還隱藏著類似觀點，身為APP經營者的你，不妨也試著推論看看，相信對於釐清APP該「以量為重」或「以質為重」，將會有所助益。

溫故知新成功案例

　　當你體悟到「質量並重」、「溫故知新」的重要性後，舉幾個實際案例來輔助以上說明。想必大家都知道，在行動應用程式市集上的APP有成千上萬個，類別更是五花八門，舉凡購物類、教育類、兒童類、遊戲類等等。如果要在如此茫茫大海中有突出表現，勢必要掌握溫故知新的策略，也就是留住原本的舊使用者並且持續延攬更多新使用者。以購物APP為例，由於可以使消費者隨時隨地透過行動裝置逛街，對那些平常就有網路購物習慣且原本使用桌機上網的消費者而言，方便性大大提升，因此擁有先天上的優勢可以保留住原本的舊客戶。再者，某些業主也曾經在APP上架時，推出「下載APP送折扣金」的活動，成功延攬新使用者。

　　接著來看看另外一個案例。根據 Flurry 公司調查報告指出，美國手機用戶在一天當中滑手機的時間，幾乎有86%都在玩手機遊戲，這看似指尖的榮景，其實暗藏著巨大的危機！根據2016年資策會MIC調查報告指出，遊戲類APP的汰換率高達32.8%，這表示遊戲推陳出新的速度非常快，使得新使用者人數不斷上升，但要讓新使用者轉換為舊使用者卻極具挑戰。為了讓新使用者有效轉換為舊使用者，曾經風靡一時的手機遊戲「神魔之塔」，利用每日登入遊戲後就送魔法石、金幣等虛擬寶物的行銷方法，讓玩家為了賺取這從天而降的寶物，持續性的登入該遊戲。

　　而且這些寶物無法再透過交易或轉移的方式搬運到其他遊戲，使用者不想白白浪費掉這些日積月累的寶物虛擬價值，所以就算玩膩了也捨不得將其卸載，反而在遊戲中愈陷愈深。這款遊戲APP同時具有「公會」的社交功能，讓玩家可以透過即時聊天的方式，在遊戲進行的過程中彼此對談，甚至也可以讓非使用者被同學或朋友說服加入公會，進而成功延攬下載並使用APP。此時，不但能保留住舊使用者，又可以同時延攬新使用者。

新舊使用者報表走勢分析

看完上述案例後，你應該會開始思考有哪些工具可以幫助自己，正確辨識新或舊的APP使用者。沒錯！Mobile GA可以讓你輕易達成正確識別使用者的目的。以圖表3-3為例，此為某電商APP的流量分析，我們可以在下方看見，該APP在1個月的期間內，獲得88,400位使用者，其中29,128位使用者屬於第一次使用APP的新使用者，約占所有使用者人數的33%。

如果進一步將左上方的對比指標加入「使用者」，就會如圖表3-4所示，此時「新使用者」與「使用者」將鋪陳出兩條

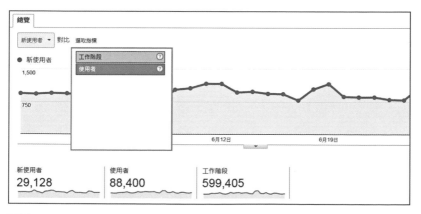

圖表3-3 Mobile GA新使用者分析 ❶

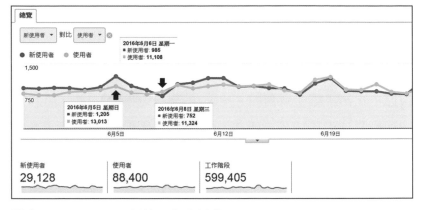

圖表 3-4 Mobile GA 新使用者分析 ❷

走勢，其中深色為新使用者、淺色為使用者。此時，不妨利用
第 1 章所學習到的流量黃金交叉思維，來解讀走勢「趨於一致」
及「背離」所代表的意涵為何？

　　見圖中上箭頭處，該電商 APP 在 2016 年 6 月 5 日獲得新
使用者 1,205 人，舊使用者 11,808（13,013 － 1,205 ＝ 11,808）
人、總使用者 13,013 人。同理，該電商 APP 在 2016 年 6 月 6
日獲得新使用者 985 人，舊使用者 10,123（11,108 － 985 ＝
10,123）人、總使用者 11,108 人。以當下來說，總使用者人數
雖明顯呈現下降趨勢，但仍有必要釐清這樣的下降，是肇因於
新使用者人數或舊使用者人數。因此，可將新使用者人數視

為變數 A、舊使用者人數視為變數 B、總使用者人數視為變數 C，現在讓我們來診斷 C 下降的可能原因：

- A 下降且 B 下降
- A 下降、B 上升，但 B 上升幅度不及 A 下降幅度
- A 上升、B 下降，但 A 上升幅度不及 B 下降幅度

　　聰明的你一定可以發現，前述的狀況正好符合「A 下降且 B 下降」，也就是延攬成效與促進回訪能力皆不良，對於溫故知新的境界而言，恐怕還有許多待努力的空間。到目前為止，我們說明了走勢「趨於一致」，在圖表3-4下箭頭處，還可以看見走勢「背離」。身為APP經營者的你，可以仿效以上的觀察方式，來正確判斷新使用者人數與總使用者人數背離的真正肇因。

提升搜尋排序：Mobile GA 來源分析

應用程式市集最佳化

前面我們提到了 APP 使用者的溫故知新，接著要來談談，當你已經得知 APP 新舊使用者的分布情形之後，如何針對新使用者進行延攬成效分析。別忘了，雖然新舊使用者對於你的 APP 經營成敗同等重要，但「新使用者」人數提升可是「舊使用者」人數增加的必要條件。受惠於網際網路普及，再加上網站建置成本與門檻不斷降低，各行各業擁有專屬網站早就不是什麼新鮮事，每位經營者都希望自己的網站，能夠在訪客鍵入關鍵字查詢後順利顯示在查詢結果上，而且排序愈前面愈好。然而這種情況，卻也導致同質性網站彼此在搜尋引擎上競爭，搜尋引擎業者更是藉由關鍵字廣告來操弄網站排序：「只要給錢，我就把你的網站排在前面！」如此一點一滴、不斷吞食網站經營者的營運獲利。

當大家都處於莫可奈何的窘境時，一個有如救世主般的解決方案橫空出世了，那就是搜尋引擎最佳化（Search Engine Optimization, SEO）。相較於關鍵字廣告所費不貲，SEO 訴求

以低成本的方式，讓網站在自然的情況下提升搜尋結果排序。從過去網站時代，一直到近來的行動APP時代，這種由上而下（top-down）的網站排列遊戲規則，以及搜尋引擎業者的廣告謀略，始終都沒有停息過。

　　同樣的事情還是不斷重複上演著，現在的APP也是如此：打從APP上架到應用程式市集、克服排序不佳的窘境、到選擇尋求關鍵字廣告協助或從事應用程式市集最佳化（App Store Optimization, ASO）。對於行銷預算較充裕的APP經營者而言，關鍵字廣告或許是提升APP搜尋排序的妙方，但是對於預算較為拮据的經營者來說，關鍵字廣告就好比是毒品一般，明知道毒品對身體有害，但卻又無法抗拒其中的致命吸引力，也就是所謂明知山有虎，偏向虎山行！

辨識流量風向

　　難道APP經營者只能眼睜睜的看著，血汗錢被搜尋引擎業者不斷剝削嗎？到底要用什麼樣的方式，才能避免自己所經營的APP陷入排序困境呢？俗話說得好：事出必有因。當我們了解搜尋引擎業者為什麼能夠透過操弄APP排序來獲利之後，緊

接著就必須對這個現象提出若干對策。大家還記得耳熟能詳的「草船借箭」嗎？在故事中，孔明非常聰穎的「辨識風向」，不費吹灰之力就借得許多箭，身為經營者的你，是否也應該正確辨識風向，試圖找出 APP 使用者的流量來源呢？如果能夠得知使用者的主要流量來源，就可以強化成效良好的來源，改善成效不佳的來源，如此便能將每一筆使用者延攬成本都花在刀口上，聽起來很誘人吧！

再舉一個例子，相信大家出國自助旅遊時，通常都會事先上網搜尋飯店住宿資訊吧？然而，各位是否發現，能夠讓你完成飯店資訊蒐集與訂房的代銷網站或 APP 不勝枚舉（如 tripadvisor、agoda、trivago、expedia、booking、hotels 等），有時你甚至會察覺到，即使是相同飯店，在不同的代銷平台上會有不同售價與優惠，此時的你想必是倍感困擾，光是要決定在哪一個代銷平台上消費，可能就得花上好長一段時間，想要好整以暇消化龐大超載資訊，簡直是不可能的任務。

上述案例是以消費者立場來討論，現在請設想自己是飯店經營者，假設上述所提到的代銷平台都會向你索取固定的代銷抽成費用，請問你會跟哪一個代銷業者合作呢？又或者上述每一個代銷平台都向你推銷廣告業務，你會把所費不貲的廣

告投放在哪一個平台上呢？答案呼之欲出，廣告當然要投放在有人看得到的平台上啊！因此大者恆大的排擠效應逐漸發酵，當然你也可以選擇在每一個代銷平台上都投放廣告，但相信不用太久，你就會因為沉重的廣告費用而投降放棄了！所以關鍵在於，如何判斷上述代銷平台的攬客成效。有鑑於此，在經營APP時，也必須效法孔明借箭，清楚辨識自己的流量風向，一旦找出有效的引流管道，又何必在諸多引流管道中虛擲行銷精力呢？

流量來源分析

Mobile GA提供APP流量來源分析，其中「來源」是指將流量引入的管道，如Google、Yahoo、Baidu等等，而「媒介」則是指引流的方式，如搜尋引擎查詢（organic）、推薦連結（referral）、直接網址輸入（direct）等等。以圖表3-5第1、4條為例，可以明顯看出同樣是透過搜尋引擎查詢方式引流至APP，但在google-play的查詢引流成效，明顯高於google的查詢引流成效。此時，APP經營者應當將主要行銷精力聚焦在google-play。

　　至於圖表第2條所顯示的（direct）／（none），指的是使用者是透過網址直接輸入的方式來取得並進入APP，這裡所提到的直接輸入，泛指任何用網址來取得APP的方式（如QR Code下載、點擊下載），既然是APP自己透過網址直接輸入的方式促使下載，媒介處自然就會顯示「none」，即無任何引流媒介。值得注意的是，另外第3條所顯示的（not set）／（not set），是指Mobile GA無法判斷該流量的引流來源與媒介。可千萬別以為，全世界只有Google Play與iTunes這兩種應用程式市集，這些流量很有可能來自於市面上許多非主流且Mobile GA無法辨識的封閉式應用程式市集，即便如此，還是可以滿足使用者下載APP的需求。

　　看到這裡，相信你一定對Mobile GA來源分析功能留下

	來源/媒介 ⑦	新使用者 ⑦ ↓	工作階段 ⑦	平均工作階段時間長度 ⑦
		29,307 % 總計: 101.31% (28,927)	598,784 % 總計: 100.00% (598,784)	00:06:18 資料檢視平均值: 00:06:18 (0.00%)
☐	1.　google-play / organic	14,348 (48.96%)	45,768 (7.64%)	00:08:34
☐	2.　(direct) / (none) ⑦	11,810 (40.30%)	165,697 (27.67%)	00:06:49
☐	3.　(not set) / (not set)	2,299 (7.84%)	7,884 (1.32%)	00:09:14
☐	4.　google / organic	709 (2.42%)	2,896 (0.48%)	00:09:54

圖表3-5 Mobile GA來源分析

深刻印象，在大多數情況下，Mobile GA 會自動判斷流量的來源與媒介，但仍有少數情況可以透過手動方式來設定，避免 Mobile GA 將無法辨識的流量歸類至（not set）／（not set）之中。以 Google Play 為例，雖然屬於 Google 的產品之一，但 Google Play 已經擁有其專屬的流量分析功能，因此在預設情況下，Mobile GA 無法正確辨識來自 Google Play 的流量。如果你打算在流量分析報表中正確辨識，就必須在「管理」➡「資源」➡「所有產品」中，建立 Mobile GA 與 Goolge Play 之間的帳號連結。

　　如果你所開發的 APP 是專屬於 iOS 的運行環境，那麼可以從「管理」➡「資源」➡「資源設定」中，將開啟 iOS 廣告活動追蹤功能，如此便能在來源分析報表中，呈現來自 iTunes 的流量。

　　最後提醒你，倘若你在來源分析報表中，發現來自應用程式市集的流量表現不佳，可別光是認為應用程式市集對新使用者延攬的成效不彰，應當先檢視自己是否已經盡可能滿足 ASO 的要求，否則尚未透過 ASO 的努力，就否定應用程式市集的延攬能力，那還真是冤枉！畢竟，依據許多調查報告指出，應用程式市集可是各個年齡層使用者主要的 APP 下載管道呢！

ASO 實施要點

以下摘列應用程式市集最佳化（ASO）的實施要點：

◆ APP 名稱

如同網站 SEO 的網頁標題一般，在 APP 情境中，APP 名稱扮演著使用者是否能夠順利找到的重要關鍵。換句話說，在規劃 APP 名稱時，必須試著猜想，使用者究竟會利用哪些關鍵字來查找 APP，而應用程式市集也會透過 APP 名稱，來分辨你 APP 的主要用途與類別。市面上有許多軟體可以協助你，讓你知道多數使用者所查找的 APP 關鍵字為何（如 apptweak），不妨可以善加利用。

◆ APP 圖標 icon

應用程式市集會依照你 APP 圖標 icon 的點擊率，來做為 APP 查詢排序結果的參考。因此，設計一個名符其實且足夠吸引人的圖標，確實有其必要性。如遊戲類型 APP 適合以較為動感的圖示來表達，而工具型 APP 則較適合以具實用感的圖案來表示。

◆ APP介紹截圖

　　在許多情況下，即使已經藉由文字說明來告訴使用者APP的主要功能與特點，但文字敘述的生動性始終比不上圖片說明，因此APP經營者得揣摩：如果自己是使用者，會需要或想要看到的APP功能畫面有哪些？一但契合使用者的需求與欲望，他們就很有可能下載並安裝APP，這對於你APP的排序也很重要。

◆ APP使用者評論與評價

　　除非你的APP不曾被人下載或是不曾有人提供評論或評價，否則應該盡可能將使用者所給與的寶貴意見充分消化，別忘了，對於那些不曾下載你APP的使用者來說，閱讀他人使用體驗是最快也是最有說服力的資訊參考來源，如果你的APP產生了負面評價，就要趕緊消化並回覆，以免讓這些負面評價成為廣宣大聲公！

◆ 跨場域連結

　　請盡可能的思考，有哪些地方、管道、方式，能夠增加你的APP在應用程式市集上被使用者發現的機會，畢竟愈多的使

用者接觸點（contacting point），就愈能夠提升你 APP 被下載的機會，一但下載率提升，應用程式市集會給與你 APP 較為前面的排序。

提升下載量：Mobile GA 關鍵字廣告分析

廣告投放百發百中

在所有應用程式市集中，我們可以發現有許多同質的 APP，在平台上相互競爭下載量，身為經營者的你，有時也可能會感到力不從心，心想：「我都已經這麼用心在經營了，為什麼使用者第一時間還是找不到我的 APP？」其實，這都是非戰之罪，如果你把自己的角色轉換到應用程式市集業者，相信你也不會放過任何可以透過「操弄排序」來賺錢的機會吧？因此，除非你的 APP 是屬於獨占性質，又或者你已經把 ASO 做到極致，否則花點錢來推廣自己的 APP，幫助自己的 APP 在眾多同質競爭對手中脫穎而出，也不是什麼壞事。前面提到多數使用者是從應用程式市集下載 APP，換句話說，只要掌握使用者的「查找需求」，就能更準確的契合他們的搜尋意圖，進而

促使他們確實下載自己辛苦經營的APP。沒錯！查找需求契合的工作，就是關鍵字廣告存在的價值。

讓我們先來看個生活中常見的廣告情境：想像自己在工作之餘，能夠泡一杯咖啡，慵懶的坐在沙發上看電視，這可真是生活中的小確幸啊！眼前的電視機除了播放你目前正在收看的節目外，其餘的時間通常都被滿滿的廣告給占領了吧？這些廣告你曾經認真去看過嗎？還是你只是利用節目空檔的廣告時間去上個廁所而已？想必大部分的人都是屬於後者吧。除此之外，傳統電視廣告無法精準掌握其收視戶，只能夠抱著守株待兔以及亂槍打鳥的心態來延攬客群。

大家要知道，投放一則電視廣告的開銷十分驚人，大約每10秒鐘就要花上萬把塊的成本，難道廣告主願意花這筆冤枉錢，繼續把錢花在顧客轉換率極低的行銷方式嗎？對於具有商業頭腦的廣告主而言，答案當然是否定的！隨著科技進步、資訊發達，廣告投放的場域已經漸漸從電視轉換到網際網路。

APP上的廣告通常是根據該使用者的歷史指尖行為、個人興趣、偏好等資訊來配對，進而提高使用者的廣告點擊意願。根據美國廣告互動局（IAB）的統計數據指出，在2013年，網路廣告與電視廣告的營收出現了黃金交叉，比起前一年的

數據，網路廣告成長了將近17%，這意味著網路廣告行銷的成功。相較於電視廣告，網路廣告的優勢在哪裡呢？說穿了就是網路廣告可以追蹤廣告成效並適時給與閱聽大眾回饋及服務，如此就能避免亂槍打鳥的投放，進而精確掌握閱聽大眾的需求，達到廣告投放百發百中的境界。

AdWords 關鍵字廣告

幾乎各大搜尋引擎業者都有提供關鍵字廣告的服務，在過去，這樣的服務用來讓網站更容易被訪客察覺，而現在，這樣的服務更是延伸應用到指尖情境。在此，我們所要談論的除了關鍵字廣告的設定方式外，更應該去思考：在指尖情境下使用關鍵字廣告服務後，成效是否令人滿意？又或者，我們是否能藉由什麼樣的方式，來掌握使用者的指尖行為，以提高關鍵字廣告的成效呢？雖然Google專屬的AdWords關鍵字廣告已經提供基本流量的分析功能，但如果要將發生在行動APP上的所有指尖行為，與關鍵字廣告做分析整合，勢必要透過一定的工具才有辦法達成，而Mobile GA恰好有提供這樣的連結能力。

APP經營者可在「客戶開發」➡「AdWords」➡「廣告

活動」中，看到關鍵字廣告分析報表，報表最上方的廣告活動（campaign）欄位，即為一般廣告活動或關鍵字廣告活動的名稱。此外，APP經營者也可以在表單中搭配許多次要維度（secondary dimension），如時段、實際連結網址、關鍵字等，進一步得知廣告被點擊誘因與其成效為何。

以下是時段、實際連結網址、關鍵字等次要維度的說明：

◆時 段

時段分析包含以「小時」為單位以及「星期幾」來做為區別標準，你或許會感到納悶，究竟關鍵字廣告投放與時間或日期有什麼關聯性呢？來看看一個生活案例。如果你是經營早餐店的老闆，相信你絕對不會選擇在早上5點到9點之間打烊吧？理由很簡單，該時段可是學生、上班族傾巢而出的密集時段呢！雖然這樣的時段關聯性推論非常合理且眾所皆知，但在早餐界有沒有存在著不合理的時段關聯性呢？答案是肯定的。

以大學周邊的熱門早餐店為例，可想而知，學生族群自然是該店的主要客群，然而受到大學生上課時間較為彈性的影響，業者從過去的「傳統早餐店」轉型為「早午餐店」，此舉不但掌握了合理時段的早餐人潮，更巧妙的把握非合理時段所

帶來的任何商機。

　　請大家再次將場景切換至APP經營情境，你也許可以依照APP類型逕自揣摩使用者的熱門使用時段，這一切都堪稱合理，但你恐怕會對於非合理時段的流量掌握，感到心有餘而力不足。所幸，Mobile GA可以協助你如實記錄一天24小時的APP流量情況。以某電商APP為例，其多數工作階段（APP開啟次數）皆發生在半夜12點，但如果以較為全面性的一天24小時來看，情況可能會大不相同。受限於報表縱深過長之故，

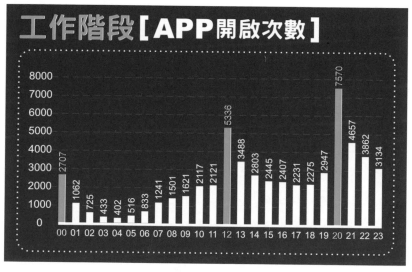

圖表 3-6 APP 24 小時全天流量分析

謹將全天流量資料改以長條圖方式呈現。

如圖表3-6所示，我們可以發現3個APP開啟高峰，分別是半夜12點（2,707次）、中午12點（5,336次）及晚上8點（7,570次），此現象提供了三個啟示：

● 流量分析最好盡可能以全面性的觀點來審視，否則只能看到片段資訊，無法看清事實全貌。

● 多數APP經營者認為，中午時段是午休時間，因此APP使用人數可能不及晚間飯後時段，這樣的推論或許正確，但午休時段的流量竟然出現在3個APP開啟高峰中，甚至排名第2。

● 半夜大家都睡著了嗎？其實還是有不少使用者仍然在電商APP中留連忘返，而且半夜12點可是所有凌晨時段的流量高峰呢！

看到了嗎？我們從圖表中，可推敲出許多過去所無從得知的非合理現象，身為APP經營者的你，豈能放過這天大商機！回到先前提及的關鍵字廣告服務，如果你真的必須使用關鍵字廣告來拉抬APP人潮，那麼相信聰明的你，已經從圖表中觀察

出合理與非合理的廣告投放時段了吧？有別於過去那種不踏實且亂槍打鳥般的投放廣告，現在你一定會更有信心、相信自己的 APP 廣告投放可以百發百中！對吧？

接下來我們用「星期幾」為單位，來看看隱藏在流量細節裡的魔鬼，看完後保證會讓你感到目瞪口呆！大家通常會認為，週末是所有營利事業的黃金時段，畢竟，不管是上班族或是學生，大家都已經奮戰了五天，週末總該休息一下了！如果以這樣的思維來查看實際的分析內容，會發現實際情況並非如此。不論是星期中的哪一天，流量差距都不大，即使週末的 APP 開啟次數確實略有提升。這樣的現象又再次給與了一個重要的啟示，那就是：也許你的 APP 客源很固定，不多也不少，而且他們都非常賞臉的每天光顧。

這種現象與大家過去所以為的，在週末時段必須加強行銷力道的認知，是否有很大的差異呢？如果真是如此，你的關鍵字廣告投放是否應該從「特定時點加強策略」調整成「尋常且固定投放策略」呢？雖然以上論述見仁見智，並沒有絕對的對與錯，但有件事是一定不會錯的，那就是：你必須善用流量分析工具，充分掌握使用者在不同天次的指尖行為，廣告投效才能免於像亂槍打鳥一樣不堪！

◆實際連結網址

接著要跟大家討論的是：實際連結網址分析。在正式介紹這個功能之前，有一個觀念必須先跟各位傳達，才不至於將「實際連結網址」與剛才所提到的「廣告活動」混淆。談論到網址就一定會牽扯到兩件事情，那就是來源與目的地。前者所關注的焦點，是什麼樣的來源管道讓使用者發現其所欲點擊的網址，而後者則是指，當使用者確實點擊該網址後所被引導到的網頁。因此先前提到的「廣告活動」與前者有關，而現在所要討論的「實際連結網址」則是指後者。在了解兩者的差異後，那麼在關鍵字廣告中的「實際連結網址」指的又是什麼呢？讓我們來看看這個例子：

某人在搜尋引擎上查詢關鍵字：「飯店」，並且在查詢結果顯示後點擊第一條關鍵字廣告：Booking.com，此時使用者將會被引導至Booking.com的官方網站。這個看似再平常也不過的查詢與點擊動作，其實隱藏著一項玄機，那就是Google AdWords關鍵字廣告的gclid參數。由於APP經營者可以同時投放許多關鍵字廣告，而且每一個關鍵字廣告可以引導使用者前往不同的到達頁面（landing page），因此AdWords透過gclid參數，來識別不同的廣告及附屬點擊行為，如此APP經營者便能

清楚識別不同廣告間的投放成效。那麼對於 APP 經營者而言，為何清楚識別不同廣告間的投放成效非常重要呢？理由同樣不脫離「亂槍打鳥」與「百發百中」的討論範疇。試想，如果不分青紅皂白就亂投放關鍵字廣告，是多可怕的一件事情！因此你有必要知道，究竟什麼樣的「關鍵字廣告設定」以及其所引導的「目標頁面」，能夠為我們帶來品質優良的流量。

◆關鍵字

既然在前面提到了使用者的 APP 查找行為，現在就來談談關鍵字。網站訪客或 APP 使用者透過關鍵字，查找自己所欲取得的相關資訊，可說是一種極為常見的搜尋行為，但你知道其實他們所查詢的關鍵字隱含了許多線索嗎？舉個簡單的例子，假設某人 A 在電商 APP 上查詢「印表機」這個關鍵字，那麼我們可以推測這位使用者可能具有購買印表機的意圖；又假設某人 B 在相同 APP 上查詢「HP 印表機」這組關鍵字，除了可以推測他有可能購買印表機外，還額外得知這位使用者對 HP 品牌的機型情有獨鍾。如果以具體程度來說，關鍵字可區分為「概略性關鍵字」與「具體性關鍵字」，上例印表機屬於概略性，而 HP 印表機則屬於具體性，至於概略或具體的區別判斷

則因人而異，且是以相對而非絕對的眼光來做為審視標準。

經營 APP 時，可千萬別忽略關鍵字所透露出來的商機，特別是你打算使用關鍵字廣告來延攬使用者的情況下。為什麼這麼說呢？主要原因在於，關鍵字詞的選取藝術與廣告預算息息相關，畢竟關鍵字廣告服務是以競價的方式，來讓你所選取的字詞及引流內容在眾多競爭對手中脫穎而出，換句話說，愈熱門的字詞，競價情況就愈激烈！

當使用者在搜尋引擎上查詢關鍵字「APP」後，下方隨即顯示出你 APP 的廣告，此時，可先別高興得太早，以為自己的 APP 終於透過關鍵字廣告提示出來了！但事實不完全是如此。你發現了嗎？不同產業卻同時在競爭相同的關鍵字，請思考一下，有多少產業的 APP 業者也會跟自己一樣，設定這個大家都想得到的字詞呢？想像結果多龐大，你的關鍵字詞競價情況就有多嚴重。因此，千萬別以為只有自己想得到用這組字詞來設定關鍵字廣告，你想得到，別人也想得到！

那麼，問題來了，究竟要如何以便宜且精準的方式，來設定關鍵字廣告所使用的字詞呢？其實這個問題沒有標準答案，做法也有百百種，舉凡能夠提供你精進關鍵字詞選定技能的方式，都會是個好辦法。重點反而在於，當你選定字詞並開始投

放廣告後的成效觀測。這裡所指的成效,會依照APP經營者廣告投放目的不同而有所差異,成效良好的字詞可以加碼設定預算,成效不佳的字詞當然就必須給與預算上的緊縮,甚至是換一個字詞。Mobile GA的關鍵字分析,能夠讓APP經營者清楚判別關鍵字選用的成效。

透過關鍵字分析報表,我們可以得知特定關鍵字在各項指標上的引流成效,包含新使用者的延攬能力、工作階段(APP開啟次數)、APP的畫面瀏覽數量、平均工作階段時間長度(APP開啟後持續時間)、目標達成及收益等等。此外,在報表的關鍵字欄位中同樣可以看見「not set」,這是因為系統發現APP經營者尚未將AdWords關鍵字廣告服務與Mobile GA相互連結,或是根本沒有使用關鍵字廣告服務,但其實Mobile GA已經悄悄在蒐集使用者所查找的關鍵字,待兩項產品連結完成後,就可以在關鍵字欄位中顯示出來。

行動廣告趨勢

藉由以上說明,相信你可以體認到,關鍵字廣告的使用其實非常耗費功夫,而這與Google所宣稱的「簡單易用」存在著

頗大的落差。如圖表3-7所示，根據台北市數位行銷經營協會
（DMA）的調查報告指出，行動廣告投放金額成長迅速，從
2014上半年至2015上半年期間，上升幅度逼近120%，顯見在
行動時代下，即使是傳統廣告業者也無法輕忽這股指尖潮流。

　　此外，依據威朋（Vpon）2015年行動廣告市場年終報告
指出，廣告聯播網（Ad Network）是台灣地區最常使用的行動

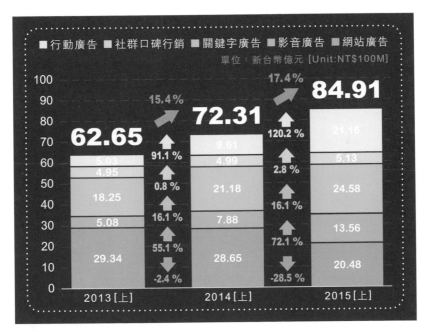

圖表3-7 行動廣告成長趨勢

廣告投放方式，而在網路廣告投放金額方面，插頁式廣告投放金額（46%）正逐漸趕上傳統橫幅式廣告（54%）。因此，如果你打算透過關鍵字廣告的方式來命中 APP 的目標對象，不妨考慮加入相關廣告聯播網，以 Google 為例，Google 擁有全世界規模最龐大的聯播網，能夠讓你的廣告在各個聯播成員平台上呈現。最後再次提醒你，關鍵字廣告成效有賴 APP 經營者的正確使用，請務必要在眾人都還在亂槍打鳥時，朝向百發百中的目標邁進。

第4章

釐清指尖行為脈絡

運用行動流量分析
觀察事態

有一句經典的刮鬍刀廣告台詞：「要刮別人鬍子，先把自己的刮乾淨。」相信很多人都印象深刻。意思是，在批評別人前，要先檢討自己。當經營者在抱怨APP流量不佳的時候，有沒有先試著檢討自己的經營方式呢？如果無法事先判斷自己經營APP的方式是否正確，又怎麼能確定APP流量表現不佳是受其他因素影響，而非自身因素所致呢？「釐清」是流量分析中非常重要的一門學問，畢竟在許多情況下，流量表現往往沒有所謂的對與錯，再加上只要換個業態或場域，原本覺得正確的分析方法與方向，恐怕又得隨之改變。

　　中國古籍經常富含先人智慧，其中的《孫子兵法》更是大家耳熟能詳的軍事謀略巨作。孫武在〈謀攻篇〉提到：「知己知彼，百戰不殆。不知彼而知己，一勝一負。不知彼不知己，每戰必殆。」換句話說，如果不能掌握敵方與己方狀態，那麼就會出現每戰必敗的窘境。但如果你能夠熟悉自己或是敵人，勝負機率將會是五五波，而最佳狀態是能夠掌握自己的狀態，也能夠對敵情瞭若指掌，如此便能達到知己知彼、百戰百勝的境界。

　　在讚嘆前人智慧的同時，你是否也已經意識到，原來流量分析就好比是一場戰爭，APP使用者就好比是敵人，經營者必

須在了解自身 APP 的經營情況外，也要盡可能掌握使用者的指尖行為，透過取得的指尖數據來制定或反思 APP 的經營方針。有鑑於此，本章的重點將置於使用者「APP 開啟後」所衍生出的指尖行為側錄與分析，不同於前章在「APP 開啟前」的使用者延攬分析。說穿了，就是掌握使用者開啟 APP 後的整體指尖行為脈絡，包含行為流程分析、當機和例外狀況分析、瀏覽深度分析、社交外掛分析、視頻觀賞分析、實驗分析等等。

在介紹各項功能前，先以一個小故事來做為開頭。大家曾經聽過螞蟻演算法嗎？1992 年，Marco Dorigo 在他的博士論文中提出：假設現在放了一顆糖果，有一條距離糖果比較長的路徑 A，跟一條距離糖果比較短的路徑 B，兩條路讓螞蟻來選擇，會發生什麼樣的情況呢？實驗一開始，兩條路都會有螞蟻通行，但在經過一段時間後，螞蟻會散發費洛蒙聯絡彼此，告訴其他同伴：「走路徑 B 比較短、比較節省時間。」於是，路徑 B 的費洛蒙濃度漸增，相反的，路徑 A 的費洛蒙濃度就會遞減。如圖表 4-1 所示，螞蟻陸續開始轉換軌道，到最後所有螞蟻都只走路徑 B。這個例子只給兩條路徑來選擇，但如果現在有一百條路徑呢？相信螞蟻群還是會透過費洛蒙濃度，來選擇出一條最適當的道路。

　　從行銷角度來看，螞蟻就好比是顧客，他們擁有好幾種選擇來購買一件相同的物品，但聰明的消費者一定會在購買前深思熟慮，到處上網比價、評估哪個電商APP的安全性較高，或是哪裡的出貨效率較好。這時，顧客與顧客間的互相推薦就構成了一種媒介，如同費洛蒙功能一般，如果某個電商APP的口碑較佳，最終就能夠吸引到較多使用者。所以，我們為什麼要從事行為分析呢？如果你希望自己就是那個所謂的「最短路徑B」，就必須比別人更提前去找出問題所在，甚至去了解APP使用者的行為脈絡。如果你想讓費盡心思才延攬成功的APP使

圖表4-1 螞蟻演算法

用者變成再次光臨的老顧客，那麼前提是，你必須了解他們需要什麼、缺乏什麼，他們希望得到什麼樣的服務你都要掌握，知己知彼、百戰百勝，你才會是一個成功的APP經營達人。

讓用戶緊跟在後：Mobile GA 行為流程分析

在了解知己知彼、百戰百勝的重要性後，趕緊來看看更具體的例子。這個例子是以通勤族做為描述背景：上班族每天對於「下班返家」這件事，一定是既期待又害怕吧？期待的是，返家後終於可以褪下滿身疲憊，好好與家人或男女朋友相聚；害怕的是，在交通尖峰時段返家，將會是一段恐怖的塞車夢魘，就算搭乘大眾運輸工具，也會遇到大排長龍的人潮，等到可以上車後，恐怕又是一陣煎熬。即便如此，大多數人仍是以家庭為重，就算早已疲累不堪，也要盡快返家。此時，家是眾人的終點，抵達終點的方式有很多，不管用什麼方式，能夠平安返家就是一種幸福！

邁向終點，勇往直前

　　在經營 APP 的過程中，你有時可能會感到遺憾與困惑，例如：使用者怎麼總是不到特定頁面呢？使用者明明已經走到鋪好的道路，怎麼沒有繼續走下去呢？就算掌握使用者開啟 APP 後的足跡，但究竟是哪一種延攬管道所衍生的足跡，對經營 APP 來說最有利呢？上述這些問題，想必已經讓你困惑許久，你甚至會發現，每個人所講的理由都不太一樣，這對 APP 經營實在沒什麼太大幫助。

　　在多數情況下，APP 經營者都預期使用者會依照心中所想的路徑去使用 APP，只要他們走到預期終點，那麼 APP 的經營就算是成功。然而這樣的說法，充其量也只不過是想像，畢竟使用者能夠靠他們的指尖任意在 APP 內遊走，甚至可以靠一指之力瞬間移動到你競爭對手的 APP 上。這事如果真的發生，經營 APP 的業者到底該如何撒下麵包屑，才能讓用戶一步步緊跟在後呢？

　　上述問題的解答其實很直觀，就好比電影編劇的工作一般。在編寫一部劇本前，事先擬定故事大綱，是標準作業的流程之一。先讓劇本有個最基礎的輪廓後，再去深入思考故事細

節。那什麼是故事大綱呢？就是把劇情中可能發生的事件「按照順序」編排出來，也就是設法得知，哪裡才是該撒下麵包屑的地方。打開 Mobile GA 中的「行為流程」報表，就好像是在閱讀一份剛擬好的故事大綱，從使用者進入到 APP 的第一個畫面起，故事即開始進行。為什麼「流程」會如此重要呢？生活中大大小小事都脫離不了流程的束縛，人的成長是一種流程、企業的管理是一種流程、甚至連廚師做菜也是一種流程，這些例子都無法擺脫其必須要按照順序的特性。此外，流程間可能具有主從關係、或是互相連接、甚至互相平行，就拿製造業來舉例，工廠內部運作經由固定作業流程彼此分工、協調、合作，就是為了要提高生產效率，達到最佳化的狀態。

行為流程分析

　　Mobile GA 行為流程分析透過圖形化的方式，呈現使用者進入 APP 後的行為脈絡。以圖表 4-2 為例，在左方可以看見引流管道的來源，其中透過 iTunes app store 下載並開啟 APP 的使用者有 36 萬人次，明顯高於直接下載（direct）的 16 萬人次（如透過 QR Code 取得 APP）以及 Google Play 的 4.4 萬人次。至

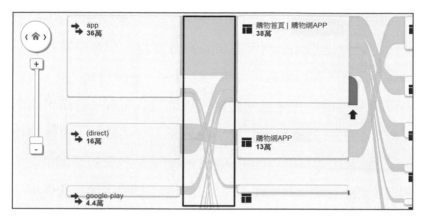

圖表4-2 行為流程分析

於圖表中間框線處的線條寬度，指的是使用者對於特定路徑的
偏好程度，愈多人進入APP的某特定頁面，該頁面所顯示的連
結線條就愈粗。

　　雖然使用者在被導引至APP首頁前，似乎沒有太多其他路
徑可以選擇，但當他們進入首頁後，就可以任意前往不同的頁
面，正因如此，Mobile GA的行為流程分析可以替你記錄，使
用者開啟APP後拜訪了哪些頁面。換句話說，這張報表同時回
答上述兩大疑惑：「使用者怎麼總是不到特定頁面呢？」以及
「就算掌握使用者開啟APP後的足跡，但究竟是哪一種延攬管
道所衍生的足跡，對經營APP來說最有利呢？」

　　值得注意的是，在圖中箭頭處可以發現深色的線條方向朝下，這線條是指 APP 使用者來到特定頁面後，並沒有往右方其他頁面走，反而離開了 APP。此時你除了讚嘆 Mobile GA 行為流程分析回答到前述的最後一項問題外，即「使用者明明已經走到鋪好的道路，怎麼沒有繼續走下去呢？」更應該探究：「讓使用者窒礙難行的原因是什麼？」有可能是 APP 使用者在該頁面發生當機而閃退，也有可能是網路速度過慢使得該頁面無法載入，又或者是使用者確實對該頁面不感興趣而跳離 APP。不論是哪一種原因，Mobile GA 的行為分析都可替我們如實記錄 APP 開啟後的行為足跡。

　　別忘了，想要留住你的使用者，每一個 APP 頁面都必須能夠經過他們的試煉，如同破解遊戲的層層關卡一般。當你已經失敗過好幾次，累積到一定經驗，記清楚經過哪裡時會碰到陷阱，你將會擁有足夠的歷練與能力來披荊斬棘，此時請繼續勇往直前通過各項考驗，勝利就在不遠處！

　　最後要提醒大家，每個 APP 經營者所遭遇到的難題不盡相同，也就是不同型態 APP 需要撒下麵包屑的地方可能都會有所差異。你可以自行調用不同維度來找尋不同的指尖行為線索，例如「不同性別」、「不同年齡」、「不同地區」的使用者，在

相同 APP 上所衍生出的行為流程是否有所差異。

流量殺手：Mobile GA 當機和例外狀況分析

不容忽視的當機

　　在使用智慧型手機的過程中，遇到當機已經是見怪不怪的事了，就算所使用的手機是四核心甚至八核心處理器，也多多少少會遇到當機的問題吧？不過聰明的你，這時只要在瀏覽器上搜尋「當機」等關鍵字眼，就會出現成千上萬種解決當機的方法，熱心的網路鄉民也經常會在討論版上分享，探討如何降低手機當機的機率。在這個既文明又科技化的社會裡，想要解決問題實在是很容易！

　　但是人的耐心也是有限度的，當你重複開啟一個 APP，卻連續發生閃退的情形時，你應該已經對這樣的 APP 表現大打折扣，這時只有兩種選擇：卸載、或是繼續抱持著憤怒的心情，試圖等待隔天 APP 復活。但以同理心的角度，站在 APP 經營者的立場來看，程式碼出現錯誤或是伺服器連接，難免都會有出差錯的時候，也許是自然原因、也許是人為疏失，才會導致當

機或閃退的情況。不過，這種事情如果能夠在第一時間發現並解決，就能減少其所招致的負面影響。

　　稍微年長的人，勢必聽過這樣一個當機實例：微軟創辦人比爾蓋茲（Bill Gate）在多年前發表win98時，出現了一個致命且尷尬的場面。在發表會的操作過程中，電腦發生嚴重當機並出現藍色死當畫面，這幕讓在場觀眾都看傻了眼，不過最終僅是一陣哄堂大笑，很快就化解了這場尷尬。而在2012年時，其他人也曾發生過類似案例：微軟為了搶搭當時正夯的平板電腦熱潮，發表自行研發的平板電腦surface，且由微軟CEO巴爾默（Steve Ballmer）親自主持，他為了想展示surface在娛樂及影音上的良好表現，親自操作此功能給台下觀眾欣賞。不過機器卻不怎麼給力，就在操作過程中，系統出現當機，無論手指怎麼滑或是怎麼按壓Home鍵，都完全沒有反應，當場給了巴爾默難堪。然而，這次的運氣可就不像前一次那麼好過，觀眾開始抱持著「反正微軟產品一定會當機」的心態，去看待這個廠牌。連國際大廠都會因為「當機」而讓消費者開始有所遲疑，你所經營的APP怎麼可以不注意當機這件事呢？

　　例如，你經營的是電商APP，並且正在推出限時搶購活動，怎麼可以因為讓使用者當機而錯失獲利良機呢？又或者你

是手機遊戲業者，使用者正在操作無法中斷的遊戲（除非他們自願按下暫停鍵），如果因為當機而導致遊戲結束，使用者一定會在心中破口大罵吧？姑且不論以上情況，大家在經營APP時，會希望透過註冊帳號密碼來掌握更多使用者個人線索，但如果因為當機而導致所有資料必須重打，豈不是很冤枉嗎？最後，如果你經營的是股票下單APP，正當股價來到黃金交割價位時，突然發生當機，股票投資使用者一定會被嚇到再也不敢用你的APP來下單了！

　　以上這些事件不時會發生在你我的生活當中，如果APP經營者能夠在短時間內，接收到自己APP發生的當機情況，並即時針對問題提出改善或修補，或許還來得及挽回使用者對該APP的信心。看完以上案例後，你是否心有戚戚焉呢？然而，許多當機都發生在求好心切的情況之下，沒推出新功能沒事，一推出就出事！難道我們就只能坐以待斃嗎？難道費盡心思所開發的APP不要沒事找事幹，保守一點只求穩定就好嗎？

　　大家小時候都養過蠶寶寶吧？當牠成長到一定階段後就會開始吐絲，慢慢將自己包覆在蠶繭裡，等待下一個羽化階段到來。但這個時候往往會發生兩種情況：蠶蛹順利破繭而出，或是蠶蛹死在繭裡面。APP如果設計不良就硬著頭皮上架，就好

比蠶寶寶化蛹一樣，運氣好的話，或許還可以順利運作、破繭而出；運氣不好的話，就會像蠶蛹夭折般乏人問津了。

當機和例外狀況分析

有鑑於此，Mobile GA 的當機和例外狀況分析，提供了抽絲剝繭的功能，讓你得以在單一版本或是不同版本間，掌握 APP 閃退的窘境。其中，有兩項重要維度，分別是「應用程式版本」及「當機次數」，除非你的 APP 自始至終只有發行過一個版本，否則透過這項分析，你就可以得知究竟是哪個版本的當機次數較為頻繁，如果當機問題始終無法改善，就應該當機立斷，讓該版本的 APP 停止在市面上流通。

在另一方面，有些時候即使你的 APP 沒有任何問題，但使用者仍無法在 APP 上順利完成他們想要做的事情（如網路連線中斷），發生這種情況雖然感到無奈，但仍可以透過「例外狀況」的分析，來掌握這樣的非戰之罪。以網路連線中斷這類型的例外狀況而言，或許在設計 APP 時可以盡量縮減非必要流程、減少大型資料傳輸避免占據頻寬、甚至提早要求使用者參與重要事項，如此一來，便可以讓使用者在網路不穩定的環境

下，仍可輕鬆完成任務。

　　Mobile GA允許APP經營者可自行定義例外狀況的描述內容，如果沒有額外配置此項設定，Mobile GA會把所有例外狀況納入當機的計算範疇中，然而並非所有例外狀況都會導致APP當機，因此，為使APP流量分析更加精確，你也可以試著將例外狀況自當機計算範疇中獨立出來。

　　值得一提的是，Mobile GA在當機和例外狀況分析中，還提供許多維度可供APP經營者自行調用，包含例外情況說明、應用程式名稱、作業系統、行動裝置品牌塑造、以及其他類別中的螢幕解析度，其中作業系統、行動裝置品牌塑造、以及螢幕解析度，對於了解APP當機的原因也提供不少幫助。例如：自己的APP在哪一種手機作業系統上較容易發生當機（Android vs iOS）、自己的APP在哪一種手機廠牌上運作較容易發生當機（iPhone vs Samsung）、不同螢幕解析度尺寸是否在當機頻率上有所差異等等。

蛋黃區或蛋白區：Mobile GA 瀏覽深度分析

指尖熱點攝影

　　從上述的流量報表中，你可以得知使用者於各頁面間切換的順序與過程，但你知道使用者在單一頁面上的操作情況嗎？在進行網頁流量蒐集時，Google Analytics 就具有此項功能，稱為「網頁活動分析」。這項功能可以記錄下使用者在特定頁面上各項連結的點擊百分比率，瞭解在不同位置上的點擊成效。但如果將場景轉移到 APP 流量分析上時，才發現原來 Mobile GA 無法提供類似網頁活動分析的功能，也就是說，我們並無法得知 APP 單一頁面的點擊全貌，此缺憾可能導致 APP 經營者錯失集體指尖熱點的觀測良機，就好比房地產投資客誤將蛋黃區物件以蛋白區價格來拋售一般。所幸，一些功能強大的 APP 指尖熱點分析軟體現身了！以 Appsee 為例，可以透過 SDK 將你的 Android 或是 iOS 系統的「APP」進行整合，讓你將使用者在單一頁面上的行為「see」得一清二楚。

視覺化熱力圖應用

　　大家是否曾經聽過熱力圖在足球場上的應用呢？在每一場比賽中，球員在足球場上行進的軌跡與傳球路徑，都會被記錄起來並以熱力圖的方式呈現出來，如此便可以在賽後檢討隊伍失分原因，並加強特定防守區域，而教練也得以據此來調整隊形，將各個球員分配到適合的位置，讓每個角色都能將其優勢發揮到極致，建立起一支所向披靡的球隊。

　　現在，想像行動裝置頁面就是一面足球場，指尖在螢幕上移動、點擊，並以Appsee觸控熱力圖的方式記錄，此舉可觀察到使用者與你APP的互動情形，還會依照使用者指尖頻率給與配色，頻率愈高偏向暖系的紅色，頻率愈低則偏向寒系的藍色，這麼一來就可以很清楚的得知，特定頁面上哪些區域讓使用者感到興致勃勃，哪些區域讓使用者感到枯燥乏味。

行動瀏覽深度分析

　　此外，Appsee還能夠藉由錄影的方式，完整記錄下使用者在APP上的操作行為，換言之，就是把行為流程報表所詮釋的

內容變成單頁的動態顯示，使用者的一個點擊、一次縮放、一張截圖等行為，都能夠親身體會一遍，藉此得知使用者是在哪個環節出現了困難。是在APP註冊會員的過程呢？又或者是在準備下單的過程呢？通常，一個頁面由上而下，與使用者的互動百分比率數值向下遞減實屬正常，但是如果當你的頁面還滑不到一半時，互動百分比率就已經低於10%，表示APP中的該頁面，其真正有利用價值的內容，其實只有整個頁面的上半部而已，而下半部充其量只是占版面罷了。

這時，可能有兩種原因：一是內容擺放位置發生問題，試著調換上半部及下半部的部分內容，並重新審視。二是下半部內容存在價值低，大部分的人不願意繼續向下閱讀，可能是使用者想得知的資訊皆已呈現於上半部，因此可以考慮排除掉多餘的內容。身為一個具有遠見的APP經營者，你的任何決策都影響了APP的成與敗，善用工具能夠幫助你在下決策前，擁有更具體化的參考依據，慧眼識焦點，魔鬼就藏在詭譎多變的使用者行為細節裡。

鄉民力量大：Mobile GA社交外掛分析

　　有時，我們會聽見長輩語重心長的說：「做事情要能夠從大處著眼、小處著手。」這句話源自於清朝曾國藩的一幅贈聯，主要是提醒後人處事要將眼光放遠，並具有全盤性的大格局；但真正落實願景的時候，卻要從小地方做起，一步一腳印、築夢踏實。如果將此經典名言應用在APP經營上，會有什麼樣的情況發生呢？首先，以社群軟體這件事為例。大家都知道，社群軟體最厲害的就是「分享」與「說服力」，透過社群軟體，使用者可以輕易將所欲傳遞的內容分享給好友，而接收者會比較願意閱讀所接收到的內容，畢竟那些內容是好友所傳遞的。這也是為什麼各行各業的APP經營者，特別喜歡把各式社群軟體的分享按鈕，放置在文章或商品說明的下方，期盼使用者能夠動動他們的指尖，從事一場舉手之勞的分享活動。

辨識分享按鈕成效

　　確實，社群軟體分享能夠發揮如同滾雪球般神奇的效用，只要愈多人參與分享，就愈能夠使更多人看見分享的內容。根

據 Daugherty、Eastin、& Bright 等學者指出，在網路上，由使用者建立的內容（User Generated Content, UGC）會比業者自製的內容更具有說服力，主要原因在於，使用者通常被視為較客觀的第三方資訊提供者（third-party information provider），而業者卻始終扮演著較為主觀的第一方資訊供應者（first-party information provider）。社群軟體分享按鈕雖然不一定能夠直接製造內容，但其運作卻是由較為客觀的群內好友所觸發，因此效力就如同 UGC 一般，具有高度的傳播力與說服力。

利用社群軟體分享按鈕，將內容以又廣又深的方式傳遞，實為「大處著眼」的 APP 經營之道，那麼什麼是社群軟體分享按鈕的「小處著手」呢？通常我們可以同時看見 Facebook、Google+、LINE、E-mail 等 4 種分享按鈕，如果你是 APP 使用者，你會選擇哪一種按鈕來做為分享工具呢？有些人或許會回答 4 選 1 或者 4 選 2，但應該很少會有 4 種按鈕全都派上用場的情況吧？正因如此，APP 經營者通常會盡可能把市面上各家社群軟體分享按鈕都放上，畢竟他們實在無法得知，使用者會利用哪一種按鈕做為主要分享工具，為了避免失去大好的滾雪球機會，也只好每一種都放上了。

看到這裡你一定會覺得，就算把所有種類的分享按鈕都放

上APP也沒什麼大不了，畢竟放上去也不用花費太多成本，甚至這一切都是免費的。這樣的說法乍聽之下似乎還滿合理的，但問題就出在於，行動裝置的可視範圍非常有限。試想，好不容易透過各種可行的延攬方式，讓使用者下載並開啟APP，進入APP後的挑戰才剛剛開始，如果你在有限的可視範圍內，放了他們覺得派不上用場的東西，使用者輕則無視，重則感到反感，或是覺得你浪費了螢幕上的寶貴空間。別忘了！在行動裝置上的可視範圍寸土寸金，何不將用不到的分享按鈕移除，把節省下來的空間用來放使用者想要看到的內容、或是你想要傳達給他們的訊息呢？為了要清楚識別，究竟哪一種分享按鈕較受到APP使用者的青睞，就一定要利用特定工具或方式，才有辦法落實「大處著眼、小處著手」。

事件分析

Mobile GA 提供的事件分析，讓我們針對APP上不同按鈕設定所謂的「事件類別」、「事件動作」以及「活動標籤」。

其中，「事件類別」可以視為是相同性質但不同實體的按鈕命名，例如Facebook與LINE同樣都具有分享功能，但提供

主要維度： 事件類別　事件動作　活動標籤			
依資料列繪製圖表　次要維度 ▼　排序類型： 預設 ▼		🔍 進階 ▦	
□　事件類別 ?	事件總數 ? ↓	不重複事件 ?	事件價值 ?
	1,710,703 % 總計: 100.00% (1,710,703)	998,944 % 總計: 100.00% (998,944)	1,689,525 % 總計: 100.00% (1,689,525)
□　1. ▬▬▬	1,474,869 (86.21%)	866,787 (86.77%)	1,705,568(100.95%)
□　2. ▬▬▬	158,446 (9.26%)	71,281 (7.14%)	4,115 (0.24%)
□　3. ▬▬▬	73,897 (4.32%)	58,413 (5.85%)	0 (0.00%)

圖表 4-3 Moble GA 事件分析

者卻有所不同。而「事件動作」則是提供 APP 經營者針對不同實體且不同分享動作所給與的命名，例如 Facebook 的按讚、LINE 的分享、Google+ 的 +1 等等。至於在「活動標籤」的部分，則是針對特定分享事件所給與的命名，這部分能夠提供 APP 經營者針對相同實體但不同活動所給與的命名，例如同樣都是在 APP 上所呈現的 LINE 分享按鈕，按鈕 A 是家電促銷商品的分享按鈕、按鈕 B 則是 3C 促銷商品的分享按鈕。

　　受惠於上述這些設定，當 APP 上的按鈕被使用者點擊觸發後，Mobile GA 就會如實記錄並呈現「社群軟體分享按鈕事件」的分析報表。以圖表 4-3 為例，我們可以發現第一個事件的觸發次數（事件總數）明顯高於第二與第三個事件，將這三個事

件依序類比為LINE、Facebook及Google+，身為經營者的你是否就只要在APP畫面上呈現LINE與Facebook分享按鈕即可，畢竟Google+分享按鈕的點擊成效實在是差得太遠了。

雖然應該保留哪些分享按鈕，屬於見仁見智且沒有標準答案的問題，但至少到目前為止，你已經掌握了這些辨識技巧，比起過去的恣意猜測，成效是否更加具體了呢？提醒你，事件分析在Mobile GA中屬於非預設功能，換句話說，你必須進行額外設定才有辦法在報表中顯示事件分析成果。值得注意的是，報表中可以發現一個非必要的設定欄位，稱為「事件價值」（Value），這是做什麼用的呢？

看看這個例子你就能夠理解了：假設你是某家大型量販店的行銷主管，過去你每個月都要寄發實體DM到顧客家中，每次的寄送成本為5元。如今你打算嘗試以電子EDM下載的方式來取代實體DM，並且判斷EMD是否能夠比實體DM更為節省郵寄成本？因此你在EMD下載按鈕中額外設定Value值為5，也就是說，每當使用者下載一次EDM，你就相當於節省下5元的郵寄費用。這個功能是不是非常實用呢？請注意，假如你打算設定此欄位，依據Mobile GA的官方規定，Value值必須大於0。畢竟，小於0就沒有所謂的價值可言了。

影音播放效果：Mobile GA視頻觀賞分析

閱聽行為差異

對年紀稍長的朋友來說，聽到「錄音帶」這個產品，應該不會覺得陌生吧？只要把卡帶放進錄音機裡，美妙好聽的旋律就會被演奏出來，如果不想聽前段部分的歌曲內容，按下快轉鍵並大概預測一下快轉時間，再次播放後就能聽到中段的歌曲。當然，如果你不想錯過錄音帶裡的所有內容，還是可以不疾不徐、按部就班的把整面音樂給聽完。聽不過癮？沒關係，把卡帶翻轉一下，換個面後就可以繼續聆聽其他歌曲。只要你是生活在那個年代的人，以上這些描述，勢必會勾起你許多回憶吧！

隨著時間過去，CD、DVD，甚至是數位音訊MP3、MP4面市，我們再也不需要頻繁倒帶，只要滑鼠輕輕一點，想聽哪一段就聽哪一段，即使是現在，動動手指頭在行動裝置上，調整想要聽的歌曲段落，也不會是件難事。問題來了，如果你是演奏者，一定希望聽眾按部就班慢慢把歌曲聽完吧？這樣的期待在錄音帶時代或許還算合理，但在數位音樂時代，甚至是現

在的指尖年代，這樣的期望恐怕是遙不可及的夢想。畢竟對聆聽者而言，跳著聽音樂實在是一件非常容易的事情，或許你會覺得他們操之過急，但對指尖年代而言，不過只是個常態。

視頻觀賞成效

現在將場景切換至APP經營情境，有愈來愈多的電商業者，試圖在自己的APP上放置商品介紹影片，期盼藉由影片生動的內容來說服使用者購買該商品，他們想的是：在APP上面放個商品介紹影片簡直易如反掌，而且比起文字敘述，影音商品介紹不但較為詳盡，還可以扮演輔助角色，以增加商品敘述的具體性。但這看似合理的作為，在指尖環境下是否能奏效仍有待商榷。為什麼會這樣說呢？既然使用者可以藉由指尖跳著聽音樂，當然也可以跳著看你為他們精心準備的商品介紹影片。因此在行動世代裡，商品介紹影片除了必須扛下「延攬觀眾」的首要任務外，還得擔負「觀賞成效」的重責大任。

試想，雖然在APP上面放個商品介紹影片是很容易的，但不論是影片拍攝或是影片上架管理，都必須花費一定程度的時間與金錢成本，除非你的預算非常充裕，否則經年累月下來，

將會是一筆不小的開銷。如果你已經下定決心要在APP上放置商品介紹影片，那麼「按部就班」的觀賞影片是理想境界，如果發生「操之過急」的觀賞行為，也不需要感到意外，只要透過上述的Mobile GA事件分析，不管是哪一種情況，通通都可以幫你掌握！

　　圖表4-4是以event tracking為基礎的YouTube影片觀賞成效分析，此部份與前面所提到的「社群軟體分享按鈕分析」極為類似，都是採用Mobile GA裡的事件分析製成，兩者最大的差異在於主要維度的內容設定。由於目前所討論的是影片觀賞成效分析，因此在事件類別這個維度較適合以影片名稱來命名。例如在報表中可以看見影片video在APP上的事件總數（播放次數）為230次，其中不重複事件（不重複播放次數）為76次，不重複播放率為33％。換句話說，有67％的播放是屬於影片重複收看行為。如果以延攬新觀眾來說，重複收看比例太多似乎不是件好事，但如果以當下收看行為的角度而言，重複收看似乎隱含著某些意涵。

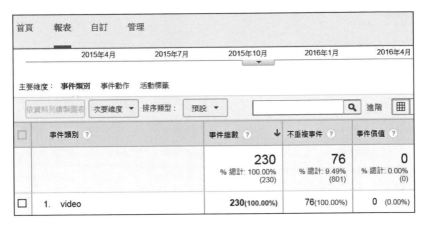

圖表4-4 APP影片觀賞成效分析❶

視頻觀賞分析

　　圖表4-5是將維度切換至「事件動作」後所顯示的報表，動作內容設定包含暫停（pause）、離開頁面（leave page）、播放（play）、收看完畢（complete）等四項指尖動作。從報表中可以發現，在重複收看的230次中，暫停鍵被按了97次、離開頁面發生78次、播放鍵被點擊46次、從頭到尾收看完畢的僅有9次。

　　如圖表4-6所示，如果點擊事件動作「暫停」，則可在「活動標籤」維度下得知，所有97次暫停點擊是發生在影片播

	事件動作 ?	事件總數 ? ↓	不重複事件 ?	事件價值 ?
☐		230 % 總計: 100.00% (230)	76 % 總計: 9.49% (801)	0 % 總計: 0.00% (0)
☐	1.　pause	97 (42.17%)	18 (15.00%)	0 (0.00%)
☐	2.　leave page	78 (33.91%)	64 (53.33%)	0 (0.00%)
☐	3.　play	46 (20.00%)	30 (25.00%)	0 (0.00%)
☐	4.　complete	9 (3.91%)	8 (6.67%)	0 (0.00%)

首頁　報表　自訂　管理

圖表 4-5 APP 影片觀賞成效分析 ❷

放的第幾秒處。這個功能可得大大稱讚一下，如果你發現 APP 使用者在影片上某個特定時點按下暫停，不是影片內容讓他們感到有問題，就是他們對於影片中的特定畫面感到高度興趣，如果是後者，恭喜你，趕緊調整你的行銷活動吧！

　　最後，回到先前所提到的「按部就班」與「操之過急」。從以上分析可以再次證實，在指尖盛行的年代裡，能夠耐住性子把影片看完的 APP 使用者實在少之又少，此時你所上架的影片長度，是否應該盡量縮短並以換得收視者印象為優先考量呢？除此之外，操之過急的收視行為並不少見，雖然我們無法主宰收視者的影片觀看行為，但至少可以透過指尖數據的捕

首頁	報表	自訂	管理				

☐	活動標籤 ❓	事件總數 ❓ ↓	不重複事件 ❓	事件值 ❓
		97 % 總計: 42.17% (230)	**18** % 總計: 2.25% (801)	**0** % 總計: 0.00% (0)
☐	1. time watched: 48.49113153724247	7 (7.22%)	1 (1.61%)	0 (0.00%)
☐	2. time watched: 44.77219017432647	6 (6.19%)	1 (1.61%)	0 (0.00%)
☐	3. time watched: 45.496659270998414	5 (5.15%)	1 (1.61%)	0 (0.00%)
☐	4. time watched: 45.88304278922345	5 (5.15%)	1 (1.61%)	0 (0.00%)

圖表 4-6 APP 影片觀賞成效分析 ❸

捉，讓行銷策略變得更為具體且精準。請注意，以上分析觀點
並沒有所謂的對與錯，端看 APP 所屬的營業型態，請 APP 經營
者務必大膽假設、小心求證！

找出引流關鍵：Mobile GA 實驗分析

培養分辨能力

　　在身旁的長者經常會告誡我們，凡事必須有所為、有所不
為，言下之意就是，希望大家在為人處事方面，能夠判斷哪些

事情該做、哪些事情不該做。這句大家耳熟能詳的話聽起來容易，但做起來可能不是那麼簡單，甚至許多人會有疑問：「那究竟該如何分辨，哪些事情該做還是不該做呢？」因此，當我們學會「分辨」的能力之後，不管外在情勢如何改變，遇上問題都還是能夠迎刃而解，對吧？接下來要跟大家分享的就是，在指尖環境中，能夠透過什麼樣的方式來獲得分辨能力，指導大家哪些做法是較好的解答，哪些做法再怎麼樣也不應該去嘗試。現在，就先以一個簡單的案例來切入正題。

有位產品包裝設計師，接到一件餅乾包裝設計的案件，案件托付者期盼能夠設計出具有吸睛效果的餅乾外盒。這位設計師的初始想法很簡單，想藉由簡單的花紋及線條設計，來凸顯整體的視覺質感，不過這時他又考慮到，此設計可能會太過於單調，無法具有瞬間吸引力，因此突發奇想又設計了另外一款包裝，將藝人代言試吃的照片印刷在包裝紙上。在這兩者之間，到底哪一種包裝帶來的效果會比較好呢？這時候，實在是很難從中做出一個最適當的抉擇，雖然透過主觀的想法去「猜測」確實是方法之一，但往往會花上很多時間，而且又具有猜錯的風險。

如果能夠正確比較上述兩個選項，利用客觀的分析方法

來幫我們做決定，那該有多好啊！沒錯，這個方法就是「A/B Testing」，一種了解該有所為還是有所不為的好辦法！A/B Testing大略步驟包含：

● 決定測試目標

● 提出為了達成測試目標之假設方法

● 開始測試並蒐集資料

● 獲得最佳解，達成目標後再決定下一個測試目標

其中對照組及實驗組是A/B Testing的基礎元素，如圖表4-7所示，對照組A是指分析者並未針對實驗標的給與人為介入，以便保持其原始狀態；而實驗組B則是指介入並改變實驗標的某特定狀態，如此便能在A組與B組間進行交叉分析。

實驗分析

如同上頭所提到的窘境，身為經營者，你一定經常遇到跟APP規劃有關的兩難問題，例如：註冊會員的按鈕形狀應該是圓形還是方形？特價優惠圖示該用什麼顏色來表達才能夠吸引

A 對照組　　　　未修改的原始版　　　轉換率 33%

B 實驗組　　　　修改後的變更版　　　轉換率 15%

圖表 4-7 A/B Testing 實驗分析

使用者的目光？諸如此類的問題，在 APP 經營上不勝枚舉，
所幸 Mobile GA 提供了非常實用的 A/B Testing 實驗分析。先來
看個 APP 廣告投放案例，假設你目前對於 APP 上的廣告圖案
樣式拿不定主意，不知道應該採直式或橫式好？又或是廣告主
體顏色該使用暖色系還是寒色系？你通常只能無奈的憑藉自己
的主觀來臆測，但同時又擔心萬一猜錯的話，可能會影響廣告
所帶來的商機（如使用者忽略廣告存在、使用者對廣告感到
厭煩）。因此，你可以透過 Mobile GA 實驗分析來增進自己在

圖表4-8 A/B Testing **步驟**

複選情境下的信心，如圖表4-8所示，以不斷循環、淬鍊的方式，來讓APP達到最高價值。

圖表4-9為實驗分析進行畫面，其所欲比較的對象是不同APP廣告主體顏色，對下單轉換率的影響。我們可以把orig視為對照組，如一直以來所慣用的廣告主體藍色、var1視為廣告主體橘色、var2視為廣告主體綠色、var3視為廣告主體紫色。

經過一段時間分析後，可以在下方表格中發現，var3廣告主體紫色雖然在延攬能力上不是最優秀的（Visits=104,872），但在轉換次數與轉換率的表現上，卻是所有變化顏色中最好的

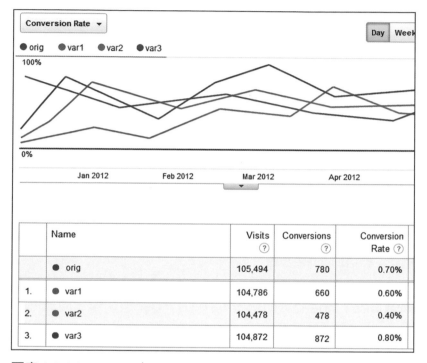

	Name	Visits ⑦	Conversions ⑦	Conversion Rate ⑦
	● orig	105,494	780	0.70%
1.	● var1	104,786	660	0.60%
2.	● var2	104,478	478	0.40%
3.	● var3	104,872	872	0.80%

圖表 4-9 A/B Testing（source: kingcontent.com.au）

（Conversion=872, Conversion Rate=0.80%）。雖然這張報表中的
實驗尚未結束，但從實驗的過程中，已經可在自己心中產生一
個初步的心證，如果你沒有太多時間可以等待實驗結束，大可
逕行停止實驗，但如果你對目前為止實驗所觀察到的趨勢變化
不具信心，仍可以繼續等待實驗結束後再下定論。無論如何，

透過這樣的實驗分析來找出較為客觀的答案，絕對是較為保險的做法！

A/B Testing 運作原理

你大概會很好奇，Mobile GA 是如何進行實驗的呢？以一個正在執行當中的網頁版 GA 為例，雖然訪客所點擊的網址都相同（對照組），如 www.123.com，但點擊後他們所看到網頁內容卻是不同的變化版本（即進入網址不同），這是因為 GA 會以隨機的方式，將訪客導引到不同版的網頁內容並趁機從中得取參訪行為數據，也就是追蹤訪客比較偏好於哪一個版本的網頁內容，因此在不知不覺中，替分析者完成了實驗。Mobile GA 所採用的也是相同的概念，雖然 APP 沒有網址，但卻能透過相關工具，自動切換行動裝置程式碼中兩組不同的 API，並隨機引導使用者至不同的 APP 頁面。至於在判斷哪一種變化版本獲得較佳成效方面，Mobile GA 則會藉由已經取得的指尖行為數據，來推估未來的數據，即「擊敗原始版本機率」（Chances to beat original page）。

舉例來說，假設變化版本 A 現今已有 100% 的勝出率，很

明顯版本A就是該實驗的最佳解，結果已經非常明確且無繼續實驗之必要性。但假設現今不同變化版本的勝出率都未滿30%，那麼任何一個變化版本仍具有70%的勝出率，因此實驗不宜停止，實驗繼續進行的必要性無庸置疑。最後，有一項常常會和A/B Testing搞混的名詞，稱為「可用性測試」（Usability Test），不同於A/B Testing透過多變數比較兩者或兩者以上的成效差異，可用性測試主要在探討一個字：「WHY」。

　　為什麼使用者不來使用我的APP？為什麼使用者不在我的購物平台APP消費？為什麼使用者不願意再度光臨我的APP？這些問題的答案可依據使用者流程：「延攬 ➡ 行為 ➡ 轉換」ABC三步驟，對應Mobile GA中的指標及報表來執行可用性測試，以便提高APP的易用性。

第 5 章

指尖轉換效益最大化

藉由行動流量分析
成功獲利

在本章以前所討論的內容，都是與使用者有關的APP開啟後行為，從本章開始所要討論的是：當APP開啟行為發生後的目標轉換達成。換句話說，使用者在APP上表現出的任何行為必有其目的，如果此目的與APP經營者所期盼的營運目標一致，則經營者必定會努力達成目標。例如，使用者打算在電商APP上購物，電商業者就可將「實際下單並購買」視為目標達成，也就是所謂的「轉換成功」。

如果訪客已經進到你的APP，並進行某層面的互動行為後，你的延攬策略已經成功了一大半，但千萬別因此洋洋得意，因為你還有最後一項也是最重要的環節得重視，那就是「ABC行為模式」中的C步驟：轉換（Conversion）。

Mobile GA將此主題分為兩大分析項目，包括「目標」及「電子商務」。在介紹這兩個項目之前，想先問問大家是否曾經聽過「破水桶理論」呢？

首先，我們先將一個APP的攬客能力或營運業績視為水桶容量，且將APP使用者比喻為桶內的水。身為APP經營者的你，一定是希望水桶容量愈大愈好，並且盡可能的讓水桶盛放最多的水，沒錯吧？不過一個放在豔陽底下的水桶，裡頭的水會因為日照蒸發而減少，這是不可避免的。這些因為自然現象

而蒸發的水，就代表那些受不可抗力因素而離你遠去的 APP 使用者，例如隨著年齡增長或工作性質改變，就對特定 APP 無使用需求的使用者。

為了彌補這些因非戰之罪而流失的水，必須不斷對著水桶注入新水，也就是持續努力攬客並開發新客源，但如果這時候你的水桶底部破了個洞，不管你再怎麼努力注入新水，桶內原水流失的速度，可能會遠超過新水注入的速度，久而久之，桶內的總水量也會隨著時間流逝而不斷減少。

於是，這時探討的重點在於「如何填補水桶底部的破洞」或是「想辦法減少原水流失速度」。對於補破洞來說，方法當然就是透過指尖流量分析來掌握 APP 有待改善之處；對於減少流失速度而言，則是設法讓舊使用者持續使用你的 APP。有鑑於留住舊使用者會比延攬新使用者來得更有價值，妥善分配資源在舊使用者身上、平時維繫好經營者與使用者間的關係，才能算是一個明智的 APP 經營者。因此，Mobile GA 提供的轉換分析，能夠協助我們判斷水桶是否有破洞，甚至可以幫助我們洞察由使用者所帶來的營運價值。

「轉換」包含的層面其實很廣，何謂轉換成功，需要依照經營者的需求自行定義，就以上述留住使用者為例，其轉換目

標是為了要延續舊使用者的價值，而是否成功則可藉由報表呈
現的結果來判斷。如果用廣義的角度來看待「目標轉換」這件
事，則幾乎任何發生在APP上的指尖行為，都可用「轉換與
否」以及「轉換效益」來衡量。

　　舉例來說，一般購物APP經營者可將APP畫面主選單中任
何可點擊項目，設定為所欲達成的次要目標或主要目標，如使
用者是否確實點擊某項目（將此項目點擊設定為次要目標），
且在點擊該項目後是否確實下單或該訂單可獲得多少營收（將
此動作或營收設定為主要目標）。

　　換句話說，如果在一個APP上有許多可衡量轉換成效的目
標，身為經營者的你就必須判斷，哪些點擊項目該設定為次要
目標，哪些點擊項目該設定為主要目標，並且在眾多次要與主
要目標間相互謀劃策略，想像自己如同三軍統帥般運籌帷幄，
只要發布命令便萬箭齊飛、業績功績卓著。

了解衡量重點：Mobile GA目標分析

　　藉由以上敘述可知，一個APP上可設定為目標分析的項目
實在五花八門，為使自己能夠發揮運籌帷幄的能力，就必須清

楚了解各個目標的衡量重點，畢竟每個目標都有其所欲分析的轉換重點，而業績長紅的重要關鍵，即是設法讓每一個目標分析都能夠各司其職、各安其位。所以說，經營 APP 的你是否知道自己該衡量什麼，這件事就變得非常重要。

Mobile GA 提供了一系列與目標有關的分析項目（如目標網頁、程序視覺呈現、目標流程等），而所謂目標分析是指：「依照經營者需求設定目標後，並設法讓 APP 使用者成功轉換達成目標。」那麼，我們應該如何設定目標呢？請依照以下三個步驟進行：目標建立、目標說明及目標詳情。

目標分析前置作業

首先，從目標建立開始談起，Mobile GA 在此步驟提供了兩種不同的建立方式，分別為「範本」及「自訂」。簡單來說，前者會提供與你 APP 相符業態的目標主題，像是電子商務類型 APP，就一定會跟「收益」類目標有關，而收益目標的設定能夠剖析使用者是否願意在你的 APP 上消費，達到一定程度的消費則表示轉換成功。當然有的 APP 在意的是會員註冊人數，此時「客戶開發」類目標的設定，可以協助你剖析使用者

是否願意成為你APP的會員，當註冊人數達到一定數量則表示
轉換成功。至於後者的目標主題，則可依照經營者自行定義。

　　無論選擇目標範本或自訂目標，接著都會來到第二步驟：
目標說明。決定好目標主題後，再來就要針對該主題去尋找其
所對應的目標類別，主要分為四種：目標網址、時間長度、單
次工作階段頁數／畫面數、事件。

◆目標網址

　　當APP經營者打算分析的目標屬於網址形式或畫面名稱切
換時，可選擇此分析項目，一旦使用者觸發或抵達設定的網址
或畫面，即達成目標轉換。

◆時間長度

　　當使用者在某個畫面的停留時間達到設定值時，即達成目
標轉換。

◆單次工作階段頁數／畫面數

　　當使用者在一次工作階段（一次APP開啟）內，切換的頁
面或畫面數量超過設定值時，即達成目標轉換。

◆事　件

　　當使用者在 APP 中進行特定動作，例如播放影片或播放音樂時，即達成目標轉換。

　　由此可知，目標類型確實是樣式多元。試想，你的 APP 上是否同時具有多個不同種類的目標項目，又或者是你打算同步觀察不同種類目標的成效表現時，運籌帷幄的能力就會顯得更為重要。想要得知水桶破洞的原因並將洞補起來嗎？趕緊透過上述方式來正確設定目標吧！

　　目標設定的最後一個步驟：目標詳情。待輸入欄位內容，會依照 APP 經營者在目標說明內的設定來調整。以圖表 5-1 為例，因 APP 經營者所選定的目標類型為「實際連結」，故在目標詳情欄位中就會被要求鍵入實際連結目標的網址，也就是一旦 APP 使用者來到該網址所指定的頁面，Mobile GA 就可以判定目標已經達成。

　　如果你的目標是以業績至上為分析基礎，並希望在目標分析報表中看見「目標價值」這個指標，那麼請記得將「價值」開關調整為啟用，並且輸入該目標達成後所能獲取的金錢價值。例如，使用者點擊含有目標分析的購物車按鈕，而該按鈕

圖表5-1 目標詳情

所設定的金錢價值為100元。再次提醒你，由於每一個目標所衡量的標的不盡相同，因此在設定目標時必須謹慎考量其類型與價值，不同類型目標得給與明確定義，即使是不同目標、擁有相同類型或相同價值也不例外，這樣才能有辦法落實上面所提到的各司其職、各安其位。

目標分析

　　介紹完以上目標設定的前置作業後，接下來讓我們來看看目標分析報表。達成目標好比是在一場籃球比賽中、將球送進對面的籃框中得分。這時候，如果只靠單打獨鬥是很吃力的，必須透過隊友彼此傳球之後，才比較容易出現空檔，也才能夠

順利將球送進籃框中得分。

　　如果你只是想要很直觀的查看目標轉換的結果（投籃命中率），例如目標轉換次數或目標價值，你不妨可以參考一下「目標網址」項目報表，雖然 Mobile GA 是以目標網址來顯示，但此處所指的網址其實就是指 APP 特定頁面。透過此報表，可以看到一段期間內，在某個 APP 頁面上的目標轉換情形，如果轉換次數明顯隨著時間減少，這時就該注意為了達成此目標的中間流程（傳球過程）。

　　簡單來講，許多時候為了要達成終極目標，往往需要透過相關的次要目標輔助才有辦法達陣成功，因此如果把各個不同的目標連結起來，則可以鋪陳出運籌帷幄的利器，即「程序視覺呈現報表」。程序視覺呈現報表是以漏斗圖的方式，來呈現達成最終目標的整體流程，流程愈往下就愈接近終極目標。除此之外，每一個單獨漏斗就是一個目標設定，在單獨漏斗中還能看見使用者對該目標觸發的前因（目標轉換前的引流頁面）及後果（目標達成轉換後去了哪裡）。換句話說，使用者可能繼續向下一個漏斗前進，並發生另外的目標轉換；也可能就此停住，往別的畫面離去或是離開 APP。

　　以圖表5-2為例（受版面限制，此處非以漏斗圖繪製），

這是一個完整的電商APP購物流程，完成結帳是此APP的最終目標，而中間的過程包含：「商品明細」瀏覽、「結帳資料」輸入、按下「訂購完成」按鈕、最後「完成結帳」。舉凡明細瀏覽、資料輸入、確實按下完成按鈕等動作，皆扮演著傳球者的次要目標角色，而使用者則是逐步朝著完成結帳的最終目標邁進。但傳球過程偶爾也會有失誤的時候，如果你發現中間有一個流程明顯造成使用者開始與目標背道而馳，就要仔細思考該階段是否發生服務上的斷層，或是APP本身有什麼疏失導致

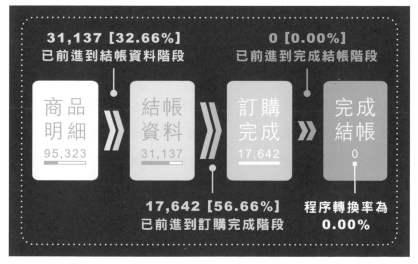

圖表5-2 購物流程說明

使用者感到不滿。

　　值得注意的是，如果你覺得上面提到的程序視覺呈現非常實用，在預設的情況下，Mobile GA 並無法提供這樣的漏斗流程圖，只有在設定目標的同時一併將目標「程序」開關開啟，並且輸入相對應的目標名稱與畫面網址，才有辦法將漏斗流程圖呈現在報表中。截至目前為止，你是否感覺得 Mobile GA 的程序視覺呈現分析非常實用呢？但如果你就此滿足的話，那可就大錯特錯了！Mobile GA 還額外提供一項類似程序視覺呈現的功能，卻比程序視覺呈現還要更為進階與實用。事不宜遲，我們趕緊看下去！

　　「目標程序」分析，不同於程序視覺呈現報表，兩者最大差異在於，目標程序分析可以看到 APP 使用者「繞回」的過程，舉例來說，一次順利的 APP 交易行為，應該是先查看商品明細，接著檢查結帳資料是否有誤，最後再完成結帳動作。但今天有位使用者在檢查完結帳資料後，突然反悔了，在沒有進一步完成結帳動作的情況下返回商品明細頁面，此時他有可能正在修改購買商品數量，又或者正處於猶豫不決階段，故 APP 經營者不妨在這個環節再次提醒使用者，如何檢視商品明細、或是催促他們趕緊購買以享有特價優惠等等。

　　看到這為止，你有沒有覺得自己愈來愈像三軍統帥，可以輕易且有自信的進行戰前的沙盤推演，以及從事戰後成果檢討呢？最後以APP經營角度而言，假設你要查看各目標流程的轉換率，你可以優先參考程序視覺呈現報表，但如果你想要更進一步看到APP使用者在達成終極目標前的所有指尖行為表現或順序，則可以查看目標程序報表。各司其職，各安其位，在達成最終目標的任何一項中間流程都占有一席之地，如果在中間環節出差錯你又沒有即時發現，就此造成使用者跳離APP，那豈不是太可惜了嗎？

使用者購物行為：Mobile GA 電子商務分析

　　滑開你的手機，看一下手機主頁，各式各樣的APP映入眼簾，有幫忙記帳的功能型APP、有玩遊戲的娛樂型APP、還有傳遞訊息的社交型APP，除了這些之外，購物型APP也與大家的生活息息相關。從前由於網路興盛，讓有形的實體店面朝向無形的網路商店發展，「電子商務」這個名詞從此躍上舞台。現在，受到行動裝置崛起的影響，帶動起人手一機的行動商務風潮。

　　人們使用智慧型手機、平板電腦的時間已經超越了桌機，購物也不像過去一樣，受有線網路環境限制、必須坐在固定座位上才能進行購物，這也是行動裝置購物熱潮大幅升溫的主要原因。現今，與購物相關且已成功上架至行動應用程式市集的 APP 已有上百個，使用量十分龐大，單日就有上萬筆的行動數據遊走於此，讓你實在無法忽視其重要性。因此行動版電子商務的數位業務價值分析，讓你所蒐集到的指尖數據說話。Mobile GA 在 ABC 行為模式的 C 部分「轉換」提供「電子商務」分析項目，讓經營者能掌握 APP 使用者的整體購物行為脈絡，甚至是在各種行銷手法下，從事轉換行為的分析。

　　在許多時候，APP 經營者都會不斷以催促口吻來要求使用者趕緊消費，例如買一送一、第二件半價、限時優惠等等等，這些做法不外乎是想要以產品或活動的稀有性來喚醒使用者在消費方面的急迫感。雖然這種行銷手法極為常見，不管是使用者或經營者本身也對這種方式習以為常，但試著想想一個本質上的問題，那就是 APP 使用者為什麼要聽經營者的使喚呢？又或者是，我們有什麼樣的理由來打動 APP 使用者呢？

　　其實稀有性行銷的宗旨，就在於提醒使用者要懂得把握良機，但 APP 經營者本身有沒有以同理心，來反思自己是否懂得

把握指尖機會呢？所謂洞察先機是指在事情稍微有徵兆，但尚未發生時即能事先察覺，如果發現事情可能會有負面後果，則必須趕緊防範；如果得知事情將會有好的發展，就要趕緊把握機會。對於電商APP來說，掌握先機就是掌握獲利的大好機會，當別人還沒有這樣做、或是競爭對手不懂得這樣做時，你就可以在高度競爭的APP環境中脫穎而出、富甲一方！反之，就算你推出買一送二的超級優惠方案，恐怕也無法打動人心。不相信嗎？在介紹「電子商務」的分析功能之前，先讓我們來看一個有趣的實際案例。

AirPoPo是一個機場接送服務APP，創立於2016年7月，挾其創新APP競賽獲獎殊榮，在推出不久後隨即受到許多搭機族的矚目。該APP與其他類似競爭者的最大差異在於，AirPoPo所稱的機場接送服務是以共乘概念為主，藉由共乘經濟的熱潮與親民性，讓想要赴機場搭機的民眾，得以用最低成本方式抵達機場。看似立意良善的APP創建初衷，卻在APP推廣期遇到極大的延攬使用者瓶頸。為了在最短時間內獲得最多訂單，創辦人提出了「一個月免費搭乘」的促銷計畫，但萬萬沒有想到，如此好康的優惠，消費者居然不買單，檢討原因後發現，原來對台北市居民而言，往返桃園機場的交通方式十

分便利，對於新興的交通方式接受度較低。所幸經過行銷策略調整後，該 APP 業績蒸蒸日上，達到 1 萬多人次的搭乘記錄。看見了嗎？這個案例充分表達買一送二也沒效的無奈，因此由 Mobile GA 所提供的「電子商務」分析，能夠如實幫助經營者掌握 APP 營收，這項功能或許對於營業項目單純或品項單一的電商業者不是那麼重要，但如果你所經營的 APP 涉及大量訂單或是品項多而複雜，那麼電子商務分析勢必能夠幫助你，節省許多帳務分析的精力。

購物行為分析

Mobile GA 所提供的購物行為分析，讓你能夠輕易掌握使用者整體指尖的購物行為脈絡，而此分析比先前所提到的程序視覺呈現分析，更為注重使用者在電子商務上的行為脈絡，而非重視特定目標轉換。所謂電子商務行為脈絡指的是：從使用者瀏覽商品起è將所瀏覽的商品放入購物車è輸入結帳所需資訊è完成結帳。然而並非每一位使用者，都會展現出上述趨近完美的購物行為脈絡，以圖表 5-3 為例，左上方最初所有工作階段次數為 65,148 次（APP 開啟次數），來到右上方，能夠順

利完成最終交易的工作階段只剩下768次，僅占所有APP開啟次數的1.2%。換句話說，上述的購物行為脈絡只是理想，APP使用者仍可在任一環節中終止購物活動，導致他們無法如電商業者所預期的完成交易。

再次以圖表5-3為例，計有5,791次的商品瀏覽工作階段，沒有把所瀏覽的商品放進購物車，這是否表示使用者尚處於商品搜尋階段，對於購買什麼樣的商品還沒有定見呢？當然也有可能是你的商品描述讓他們感到不明確、不放心、或是優惠不足以吸引他們也說不定。

再者，就算已經有4,379次工作階段是屬於已經將商品放入購物車，但你也別高興得太早，因為其中仍有2,164次工作階段是將商品放入購物車、但最終卻放棄購物車的情況。更嚴峻挑戰還在後頭，即使Mobile GA偵測到有2,981次的工作階段已經將商品放入購物車並且進入結帳資訊輸入環節，但竟然有2,228次的工作階段放棄結帳資訊輸入，結帳放棄率高達74.74%！

這時候你一定會想：天啊！費盡好一番功夫所開發的APP，竟然無法帶來該有的營收？先前拚命延攬的APP使用者居然如此不靠譜，一點也不願意掏出錢來消費？或許你這時候

應該想想，結帳資訊輸入的環節是否讓使用者感到繁瑣、不安全或是系統不穩定等等。別忘了，愈是接近結帳環節，就愈是關鍵時刻，即便你的延攬預算充裕、就算APP使用者延攬失敗也沒有關係，但使用者無法順利完成交易，這種不好的感受，可是很容易在他們腦海中留下負面印象，進而影響整體的指尖購物體驗。值得注意的是，如欲找出上述困境的解答，可搭配Mobile GA其他進階功能來達成，受限於電子商務相關分析屬於各個APP經營者的營業機密，在此無法詳盡描述分析細節，建議你可諮詢委外公司給與技術上的支援，一同探求洞察先機、富甲一方之道。

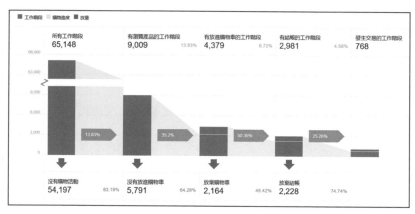

圖表 5-3 購物行為分析

　　除此之外，你在圖表中或許會發現，各個購物環節的工作階段數並非如過去所認知的步驟依序遞減，反而在某些後環節（post-step）增加，卻又在某些前環節（prior-step）減少，可能的原因在於：

● 使用者選擇直接購買，略過放入購物車的環節。

● 在某些情況下，使用者可能會先將所欲購買的商品放入購物車，但在結帳時卻以不同訂單來完成交易，例如同時將公用與私用商品放入購物車，公用商品先結帳一次並輸入統一編號來報帳核銷、私用商品再結帳一次但並未要求在發票上加註買方統一編號。

● 使用者誤以為自己沒有成功將商品放入購物車，因而再次點擊購物車按鈕，導致購物車清單中相同品項購買個數增加。

● 使用者已經完成結帳所需資訊輸入，但在點擊確認結帳按鈕前，因故返回購物車修改所欲購買的商品或數量。

產品業績分析

　　除了上述的購物行為分析外，APP經營者可以透過產品業績分析，來讓自己在掌握指尖購物的行為脈絡之餘，更進一步判斷哪些商品較為熱門，哪些商品較不受到使用者青睞。如圖表5-4所示，你可以在產品欄位看見熱銷商品以及該商品的銷售收益，此時如果對照自己倉庫的商品庫存量，就可以得知哪些商品應該加強補貨、哪些商品應該減少庫存量。除此之外，APP經營者甚至可以將報表資料匯出，搭配額外加入的季節、氣候、節慶等數據公開資料，經交叉分析後預測哪些商品即將進入銷售旺季。

　　值得注意的是，在「銷售業績」下可以看見特定商品的「不重複購買數」與「購買總數量」，這兩者也是非常具有意義的指標。試想，什麼情況下單一使用者會購買多件相同的商品呢？什麼情況下單一使用者少有重複購買相同商品呢？圖表中的移動式冷氣機為例，其不重複購買率為100%（不重複購買27／數量27），而防曬精華液的不重複購買率則是96.9%（不重複購買159／數量164）。很合理吧？一個人在正常情況下只會購買一台冷氣機，但如果覺得防曬精華液好用或是擁有較大

產品 ⑦	銷售業績					
	產品收益 ⑦ ↓	不重複購買 ⑦	數量 ⑦	平均價格 ⑦	平均數量 ⑦	產品退款金額
	$45,019,859.00 % 總計: 100.00% ($45,019,859.00)	20,436 % 總計: 100.00% (20,436)	21,429 % 總計: 100.00% (21,429)	$2,100.88 資料檢視平均值: $2,100.88 (0.00%)	1.05 資料檢視平均值: 1.05 (0.00%)	$7,524,31 % 總計: ($7,524
1. ▉▉▉▉▉▉	$590,900.00 (1.31%)	5 (0.02%)	9 (0.04%)	$65,655.56	1.80	$0.00
2. ▉▉▉▉▉▉▉▉▉	$417,181.00 (0.93%)	111 (0.54%)	114 (0.53%)	$3,659.48	1.03	$0.00
3. 移動式冷氣機	$394,459.00 (0.88%)	27 (0.13%)	27 (0.13%)	$14,609.59	1.00	$0.00
4. ▉▉▉▉▉	$380,800.00 (0.85%)	1 (0.00%)	4 (0.02%)	$95,200.00	4.00	$0.00
5. ▉▉▉▉	$373,730.00 (0.83%)	2 (0.01%)	2 (0.01%)	$186,865.00	1.00	$0.00
6. 防曬精華	$318,039.00 (0.71%)	159 (0.78%)	164 (0.77%)	$1,939.26	1.03	$0.00

圖表 5-4 產品業績分析

的使用需求時，重複購買一瓶以上的精華液也無需感到意外。

　　當你透過分析報表得知這些寶貴線索之後，是否應該趕緊調整行銷策略呢？冷氣機買一送一很奇怪吧？精華液買一送一才合理吧！

銷售業績分析

　　有別於上述產品業績分析，銷售業績分析是以交易編號做為分析標的。換句話說，透過此功能，APP 經營者可以訂單為基礎來審視自我電商的獲利戰果。在「交易編號」欄位可以看

見訂單編號及其收益，但如果該筆訂單已遭使用者辦理退貨，則原本記錄在收益欄位的金額會同時被記錄在「退款金額」欄位中，這樣一來一往，等於 APP 經營者沒有賺到這筆訂單。除此之外，如果點擊「交易編號」欄位中任何一筆訂單，則可看見購買的商品項目。由此可知，該使用者在同一筆訂單下，同時購買了兩件商品。如果把產品業績分析視為指尖商務成功與否的洞察「點」，那麼銷售業績分析就可以看做是指尖商務成功與否的洞察「面」，也就是具體與綜觀的差異。

最後提醒大家，2016 年是各行各業在指尖熱潮上加深布局的一年，這個現象在諸多電商型態 APP 中更是隨處可見。電子商務的「商務」，顧名思義，就是在行動裝置上從事交易，既然屬於交易活動的一種，那麼獲利就必定是無庸置疑的目標。在 APP 開發成本逐漸下降的今日，電商 APP 已經由過去的藍海市場轉變成殺破頭的紅海市場，以前大打價格戰的策略，恐怕已經成為普遍的 APP 經營方式。

很遺憾地，這一招並沒有奏效，利潤侵蝕戰導致各家電商業者抱怨連連，他們共同的心聲是：「賣便宜不一定有人買，不賣便宜一定沒人買！」這或許是各家電商業者急欲轉換 APP 經營方針的主因，試圖從過去的價格戰策略轉向較為務實的

APP差異化策略。例如，台灣最大電商業者PChome嘗試在銷售平台上增加商品數量，滿足消費者只要想買什麼、就買得到什麼的需求。此外，該業者也嘗試以電子錢包的方式，來擺脫同業的競爭壓力，推出類似行動逛街的虛實整合O2O（Online to Offline）概念，使用者只要掃描QR Code即可完成購物。

知名網路書店業者博客來，在其APP上推出兩大有別於其他競爭者的差異化新功能，分別是「商品條碼掃描」及「以地理位置為基礎的折價券推送」。商品條碼掃描功能讓使用者可以透過手機鏡頭掃描任何商品條碼，如果平台有現貨，使用者就可以立即下單；地理位置折價券則是藉由LBS（Location Based Service）的區域性功能，自動化推送合適的商品或促銷活動給使用者，如此一來使用者的指尖下單率便有機會提高。

上述這些新功能，確實是同業競爭者目前所無法提供的服務，也無庸置疑的在同業APP間產生了差異化作用，但仍無法擺脫所謂「商務」與「獲利」的本質，所以當你絞盡腦汁想出APP差異化作為後，差異化作為的成效監測仍是持續獲利的不二法門。如果你也認同這個說法，那麼請千萬別忽略上述Mobile GA所提供的購物行為分析，畢竟這項分析可是行動商務最在意的指尖情報來源呢！最後，如果你在自己的行動流量

分析中，發現使用者購物行為表現良好，那麼請趕緊查看上述所介紹的產品業績分析或銷售業績分析，以便讓你的指尖商務分析趨於完備。

行銷分析

電子商務行銷方法百百種，每個業者主打的行銷方案也截然不同，但共同目標都是希望，從使用者的指尖中獲得最大收益。在歐美國家，優待券（coupon）的使用非常盛行，每當收到大賣場寄來的當期型錄，婆婆媽媽總是勤奮蒐集刊登在型錄上的折價券。當然大賣場型錄只是一個例子，折價券還可從報章雜誌、街頭傳單等處取得，蹤影可說是無所不在。

在傳統上，優待券的使用方法得由消費者親自到優待券發行店家，出示後才得以取得商品優惠。現在受惠於指尖熱潮的便利性，使用者只需要將優待券上的促銷代碼輸入到該店家的網頁或APP上，即可取得商品優惠。電商業者擅長運用發行優待券的方式，來激起消費者的購物動機，畢竟誰會願意錯過撿便宜的機會呢？不過，類似這種行銷手法看似有用，但實際上真的能夠發揮效益嗎？既然優待券電子化現象已經普遍在APP

上發生，那麼就可藉由流量分析再一次的掌握指尖商務熱潮。

　　Mobile GA轉換報表中有一項分析稱為「行銷」，當中包含了內部宣傳、委刊單優待券、產品優待券及聯盟代碼等四大項目。「內部宣傳」是指經營者分析自己APP內的商品推廣成效，「委刊單優待券」是指分析消費者使用具訂單總額折扣功能的優待券情況，「產品優待券」是指觀察消費者使用具單一商品折扣功能的折價券成效、「聯盟代碼」則是以APP經營者所議定的折扣對象做為主要的分析標的（如電商業者與某企業福利委員會協議優惠折扣）。

　　以圖表5-5為例，我們可以在「內部宣傳活動名稱」欄位中看見經營者在自己APP上所推廣的商品及活動，並且可在「購物行為」下看見每一項宣傳活動的瀏覽量、點擊次數、點閱率及交易次數。在過去，你大概會認為點閱率與交易次數兩者間呈現正比關係，即點閱率愈高、購買次數就愈高。然而透過指尖數據的掌握後，情況似乎不如我們所預期，有時反而是點閱率提高但購買次數卻降低。相較於過去在桌機時代，訴求以醒目而誇張的圖案來吸引訪客注意到網站上的促銷方案，但在指尖時代，使用者目光較難逃離出有限的可視範圍，換句話說，雖然在行動裝置上能夠放置行銷圖案的空間有限，卻也讓

內部宣傳活動名稱 ?	購物行為				轉換 電子商務 ▾
	內部宣傳活動瀏覽 ? ↓	內部宣傳活動點擊 ?	內部宣傳活動點閱率 ?	交易次數 ?	收益 ?
	1,105,349 % 總計: 100.00% (1,105,349)	260,676 % 總計: 100.00% (260,676)	23.58% 資料檢視平均 值: 23.58% (0.00%)	7,953 % 總計: 100.00% (7,953)	$17,605,910 % 總計: 100 ($17,605,91
▇▇▇▇外套	4,407 (0.40%)	191 (0.07%)	4.33%	14 (0.18%)	$31,043.00 (0
▇▇▇▇▇▇好康組	3,154 (0.29%)	181 (0.07%)	5.74%	9 (0.11%)	$25,110.00 (0
▇▇▇▇▇鍋組	2,790 (0.25%)	195 (0.07%)	6.99%	8 (0.10%)	$16,634.00 (0
▇▇▇▇▇地墊	2,632 (0.24%)	398 (0.15%)	15.12%	28 (0.35%)	$31,388.00 (0

圖表5-5 內部宣傳分析

使用者目光或指尖點擊沒有太多閃躲的餘地，故此時分析重點應擺放在「交易次數」而非「點擊率」，即便後者是前者成立的必要條件。

　　接著我們將一併探討委刊單優待券、產品優待券及聯盟代碼，畢竟三者都屬優待券性質，只不過應用時機或對象略有差異。所謂委刊單優待券，顧名思義就是指與訂單總額折價有關的交易分析，可以幫助APP經營者決定如何編制折扣，才能夠達到最大的訂單收益。以圖表5-6為例，可以分別看見MAYBONUS、maybonus這兩種折價券代碼的交易額與交易次數，進而換算出平均訂單價值。換句話說，這項功能可以幫助你判斷不同客群專屬的折價券發行成效。如果你並未在APP中

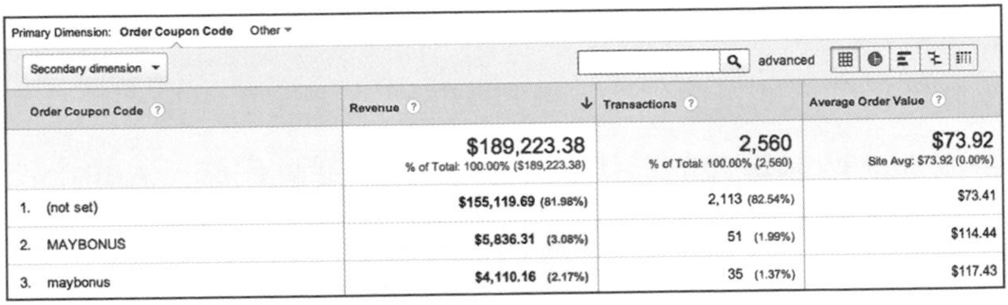

Primary Dimension: Order Coupon Code Other

Secondary dimension | advanced

Order Coupon Code	Revenue	Transactions	Average Order Value
	$189,223.38 % of Total: 100.00% ($189,223.38)	2,560 % of Total: 100.00% (2,560)	$73.92 Site Avg: $73.92 (0.00%)
1. (not set)	$155,119.69 (81.98%)	2,113 (82.54%)	$73.41
2. MAYBONUS	$5,836.31 (3.08%)	51 (1.99%)	$114.44
3. maybonus	$4,110.16 (2.17%)	35 (1.37%)	$117.43

圖表5-6 委刊單優待券分析（source: blastam.com）

使用折價券這項分析功能，則所有電子商務交易紀錄與交易金額會被歸類到「not set」。

再者，假設你不打算發行「委刊單優待券」(訂單總額折價券)，但卻想要發行以個別商品為基礎的商品折價券，此時你可以透過「產品優待券」分析來掌握不同商品優待券的發放成效。言下之意，這項分析功能就是要幫助APP經營者找出，符合商品特性的最佳發放成效優待券。

由於產品優待券較重視特定商品的折購券發行成效，因此Mobile GA在欄位中加入不重複購買指標，以便換算單一商品、單一折價券所帶來的營收，恰好與上述提到的訂單總額優待券概念略有差異。

在某些時候，你或許會碰上不同企業的福委會代表，跟你接洽異業結盟的折扣事宜，但身為經營者的你，也許會依照

不同顧客層級給與不同程度的折扣待遇，此時你就會需要編定不同折扣等級的優惠代碼。一旦完成代碼制定後，接著就必須審視不同結盟夥伴的員工，是否確實持優惠代碼至 APP 上消費，Mobile GA 所提供的聯盟代碼分析，就能夠滿足這項分析需求。換言之，這是個一翻兩瞪眼的分析，只要報表一呈現，你立刻可以得知，究竟是哪一個結盟夥伴能夠替你帶來更多營收，或者是你可以判斷該跟哪一個夥伴加強推廣結盟意願。

截至目前為止，我們已經完整介紹了 ABC 指尖行為脈絡，從 APP 上架初期的使用者延攬焦點（Acquisition），到使用者下載並且開啟 APP 後的行為觀測（Behavior），以及最終使用者是否從事轉換行為的重要問題回答（Conversion），每一個環節都是 APP 經營成功與否的關鍵。無論你經營的是營利型或非營利型 APP，都必須重視 ABC 指尖行為模式，換句話說，如果你希望自己所經營的 APP 在流量上能夠源源不絕，那麼請務必熟稔各章節所提到的重點，畢竟 ABC 指尖行為模式不會因為你所經營的 APP 型態不同而有所改變。

此外，Mobile GA 是以大數據為基礎的指尖行為分析工具，相較於過去其他網路行為監測方法（如網路問卷、實驗設計、眼動儀、大腦核磁共振等），具有許多無法取代的優點：

● 無需任何費用。

● 以不干擾使用者方式側錄指尖流量。

● 流量蒐集以全面性廣度實施，而非抽樣方式進行。

● 流量是全面性大規模的蒐集，再加上分析過程不干
　擾使用者，因此具有非常高的信度與效度。

● 流量報表可以回溯至歷史資料，而非僅獲得施測當
　下的指尖行為數據。

　　上述這些優點，也讓我們強烈建議你以Mobile GA做為指
尖流量分析的首選工具，如果在特定方面無法滿足需求時，再
輔以其他工具來填補缺憾。最後，為拓展大家在指尖大數據的
分析思路，我們在下個章節摘述各式新興指尖應用，所羅列的
應用，皆可嵌入Mobile GA做為指尖大數據分析工具。期盼大
家學有所思、學有所獲、學有所長、學有所成！

第6章

尋找指尖大未來

行動流量分析的
更多可能

無論是iOS或是Android使用者，每當他們進入應用程式市集，就會有成千上萬的APP在競相爭取他們的目光，此時APP經營者總是期盼使用者能夠行行好、動動手指下載自己的APP。其實有些時候，並非使用者不喜歡你精心製作的APP，而是他們遇見這麼多性質相同的APP，也會倍感無奈、不知所措。經過好一番掙扎，使用者只能把80%的時間花在不超過5個APP上頭。做過生意的人都知道，當市場存在高度競爭時，大打價格戰容易自食惡果，最後存活下來的，多半都是口袋較深的業者。所以，在APP高度競爭的環境下，如果你的經營策略總是不停的仿效其他競爭對手，你的APP終究會走上衰敗的道路。

　　舉例來說，我們生活在便利商店密度最高的島嶼上，每走幾步就一定會遇到便利商店。你有沒有發現，當某家便利商店業者推出新的行銷手法時，其他家都會趕緊跟進，但生意最好的總會是特定的那一家。因此，APP經營成功的關鍵不僅在於功能是否齊全、運行是否穩定、促銷是否足夠優惠，這些都只是必要條件，滿足這些條件，也不過是與競爭對手齊頭平等罷了！切記：了解使用者需求、需求測試與學習、提升使用體驗，這些才是你必須努力的方向。

　　有鑑於此，本章將要介紹若干指尖新興應用，包括智慧餐飲、穿戴式裝置、智能家居、智慧型車載裝置、航空運輸、健康照護、教育學習、休閒娛樂等，期盼現有或後進的 APP 經營者，得以在競爭激烈的 APP 市場中，開展出一個與眾不同、獨具巧思的 APP，並在把握指尖數據後，找出解決經營困境的方法與途徑。

　　閱讀本章後續案例時，除了必須思考案例中值得學習的地方，更應該試圖回答以下問題，才能將獲得的想法對應到指尖流量分析的各項功能上。畢竟，指尖應用的範圍廣泛、不勝枚舉，唯有發揮指尖數據創意，才能促使 APP 邁向成功之路！

◆什麼（What）

　　你所聚焦的主要使用者，是什麼樣的人（如性別、年齡、興趣、地區）？使用者都使用什麼樣的行動裝置來與你的 APP 互動？什麼樣的 APP 功能或項目是他們最迫切需要或樂見的？

◆何時（When）

　　使用者最願意與你的 APP 互動的日子，是哪幾天？是週間還是週末？一天中哪幾個時段是他們的使用尖峰時段？哪幾個

時段是離峰時段？哪個季節或時令最能吸引使用者與你的APP
產生互動？

◆何處（Where）

　　使用者會在哪種地點、場域或情境中開啟你的APP？是在
辦公室、學校、公共場所、還是在餐廳或大眾運輸工具上呢？
他們在室內還是室外時，會開啟你的APP？

◆如何（How）

　　綜合上述問題的解答之後，思考該用什麼樣的方式或途
徑，讓使用者知道他們的各種需求，能夠被你所開發的APP給
滿足。例如，透過客製化簡訊（How）告訴35歲以上的男性
APP使用者（What），只要他們在週末（When）到便利商店取
貨（Where）並完成付款，即可享有超低優惠價格。

　　現在，就趕緊秉持著上述的3W1H思維，讓你的指尖應用
與分析別創新格、另闢蹊徑吧！

智慧餐飲：用指尖滿足舌尖欲望

在你我生活周遭，絕對不難發現販賣機的蹤影，像是車水馬龍的大眾運輸售票機、辦公大樓一隅的飲料販賣機、或是放置在校園裡的行政業務申請機。覺得口渴時，有飲料販賣機；覺得嘴饞時，有零食販賣機；覺得無聊想打發時間時，甚至還有報紙販賣機。這些販賣機24小時提供服務，滿足你各式各樣的需求。藉由人類的各種創新應用，販賣機裡的商品愈來愈多元化，就連支付的方式也別出心裁。我們已經不需要像以前那樣，想要喝個冷飲，還得在手忙腳亂中掏出錢包、投入硬幣來與販賣機進行交易，像是中國大陸地區盛行的「支付寶」，結合販賣機上的觸控式螢幕面板，在螢幕中選擇好想要的商品，拿出手機掃描上面的QR Code，就等於完成付款。

你是否看到其中的指尖流量分析未來呢？沒錯，這時可以結合Mobile GA將追蹤程式碼，嵌入販賣機內的Android行動作業系統，掌握消費者在販賣機上所表現出來的一切指尖行為。試想，在天冷的時候，消費者到底比較喜歡喝甜的燒仙草、還是鹹的玉米濃湯呢？或是在報紙販賣機中，年輕族群是否較容易受到辛辣的話題與聳動的畫面所吸引，而選擇蘋果日

報呢？又或是消費者在販賣機上比較習慣於什麼樣的支付方式呢？透過指尖流量分析，以上問題都能獲得解答，充分將消費者需求對應至商品供給端，而後台分析者就可以在不打擾消費者的情況下，剖析上述交易行為。

除了販賣機，現在很多餐廳或小館也開始搭上指尖熱潮，電子菜單早已成為你的最佳服務員，而不再需要大聲呼喊或用紙筆點餐，加點時也不需要跟服務生再三確認餐點是否遺漏，還能預防結帳時金額有誤。使用電子菜單的好處多多，你還可以透過APP多國語言功能，輕鬆應付來自外國的老饕，讓他們在享受佳餚之餘，也能感受到你對外國人的用心。重點是，只要你在電子菜單內嵌入Mobile GA，就可以從使用者的指尖得知他們的喜好，此時如果能夠搭配會員帳號User-ID繫綁功能，就連客製化的菜餚分析也可以輕鬆辦到！

用平板電腦來進行電子菜單點餐還不夠稀奇，知名披薩連鎖店業者必勝客（Pizza Hut）在美國推出智慧餐桌的概念，讓顧客能夠在門市的餐桌上滑動指尖點餐，其中最引人注目的是虛實整合的應用，顧客可以透過指尖在餐桌上的觸控面板來選擇出符合自己口味的披薩，舉凡尺寸、佐料、內餡，都可藉由互動式介面來自行調配，等到完成屬於你自己獨一無二的披薩

後，再將檔案上傳到廚師那裡，廚師就能立刻製作，整個流程不但可以減少人力資源耗費，又可以讓點餐過程更為有趣。

雖然這個想法目前還處於雛形階段，不過指尖分析的概念，與上述飲料販賣機或平板電腦點餐大同小異，不外乎是希望透過使用者的指尖，來得知他們的舌尖偏好。像是尺寸大小偏好、佐料搭配偏好、甚至是新口味研發等。你目前正打算開家飲料店或餐廳嗎？還是你想要把點子放進販賣機裡增加銷售通路呢？無論如何，請千萬別錯失顧客免費提供給你的指尖大數據喔！

穿戴式裝置：最親密的行動助理

自從Google團隊推出了Google眼鏡後，大家給與穿戴式裝置熱烈的回響，相關業者也很懂得把握商機，在短期內陸續推出許多相關智能穿戴式產品。穿戴式裝置的類別主要可分為「配戴型穿戴式裝置」與「穿著型穿戴式裝置」兩種。例如，配戴式有眼鏡型虛擬實境（VR）眼鏡、手表型智慧手環，而穿著式則有智慧衣或智慧鞋。

相較於其他創新應用，穿戴式裝置更能夠貼近人類身體，

滲透至你我日常的生活中。例如，穿戴式裝置可以扮演非醫療級的生理守護者，經由裝置上的感知器24小時不間斷的把關你的身體狀況。舉凡追蹤心跳血壓、監測睡眠品質、記錄運動習慣等。對於智能穿戴式裝置業者而言，商業考量與行銷手法必定是他們的最終目的，上述生理資料不僅掌握了使用者的生活作息，也能從中判斷出使用者較在意哪種健康指標。試想，如果此時能夠將使用者健康資料與保健食品的行銷資訊相互連結，讓在意心臟健康的使用者了解如何保養心臟，並購買業者推薦的保健食品，這豈不是兩全其美嗎？

除了前面所提到的基礎生理機能監測，以及提升生活便利性外，穿戴式裝置還可以應用在運動員的身上。像是美國職棒大聯盟（MLB）不時會發生投手受傷的意外，對於投手而言，手臂受傷可是攸關他們的職業運動生涯。藉由穿戴式裝置mThrow，就可以追蹤投手在丟球瞬間的手肘位置變化，藉此得知投球速度、高度、角度等數據，進而分析投手整體的表現及狀況，在比賽過程中教練將可以適時介入更換投手，避免讓投手受傷的情況再度發生，這麼一來，球員在球場上就能隨時保持最佳狀態。

所以這裡的指尖商機是什麼呢？既然跟運動員的運動傷害

有關，就趕緊聯想到復健用的相關商品吧！藉由 mThrow 的指尖數據，你可以輕易得知不同投手的手臂狀態，進而給與客製化的復健商品推薦。只有這樣嗎？當然不是。保險業者或許可與球隊經營者合作，針對不同球員的身體狀況制訂符合他們的保單，不但顧及球員保障又能獲利，何樂而不為呢？

智能家居：居家生活一指通

　　智慧屋是一間看似平凡，無論裝潢、擺設、或形態，都看不出有什麼特別的住家，其實裡面暗藏了不少玄機。在這裡，你可以透過牆上的中央控制面板來管理居家生活的大小瑣事，如設備開關控制、空氣品質、水質、用電量、消防安全、保全監控等。即使人在戶外，你還是可以透過手機上的 APP，隨時隨地、隨心所欲掌控上述所提到的一切事務，如圖表 6-1 所示。

　　試想，在炎炎夏日，如果你希望一回家就有涼涼的冷氣可以吹，該怎麼辦呢？此時只要拿出你的手機，就可以在返家前透過 APP 遠端遙控事先開啟，一踏入家門時，迎接你的不再是那股悶熱，而是讓你感到幸福的清涼。出門後，你也不用擔心瓦斯是否忘記關閉，此時只要拿出你的手機，透過指尖遠端遙

控就可以將瓦斯關閉，再也不會發生人在半路上，卻猶豫是否該返家再次檢查開關的窘境。

　　智能家居的應用非常廣泛，包括居家安全、智慧家電等具體作為，目標都是為了讓人們的生活更舒適、更安全、更智能化。根據Research and Markets預估，未來5年，全球智能家居市場（含終端設備與服務）將以每年8%到10%的增幅成長，並且會在2018年時達到美金680億元的市場規模。從各大產業龍頭觀察，也不難看見這股熱潮，例如Google於2014年宣布以32億美元收購Nest智能家居公司，三星（Samsung）於2014年收購SmartThings，隨後就推出智能電視、智能冰箱、智能洗衣機等居家應用，蘋果公司則於2015年推出HomeKit智能家居雲端平台。近期備受矚目的鴻夏戀，更堪稱是指尖大數據應用的典範，鴻海富士康（Foxconn）與夏普（Sharp）合作，共同推出多項智能家居應用產品，舉凡家門口的指紋辨識門禁、門鈴攝像鏡頭、花瓶擺設、浴室數位鏡面、保全監控、數位相框、能源管理等，讓家裡每個角落都與指尖應用緊密關聯。

　　這些大廠打的是什麼如意算盤呢？你猜到了嗎？智能家居終端裝置只是個幌子，他們真正想取得的是任何發生在終端裝置上的指尖數據。可別以為Google推出低價Chromecast電視

圖表 6-1 智能家居智慧屋

棒是佛心來的，他們不是想要讓家家戶戶都有網路節目可以收看，而是打算透過低價策略，把資料蒐集器滲透到你我家中，順便記錄大家的收視行為。因此，智能家居的應用層面有多

廣，指尖大數據分析的商機就有多大！

　　舉例來說，智能冰箱具有食材管理功能，適時提醒家庭主婦食材的保存期限，如果即將過期就必須盡快食用，以免浪費食材。此外，家庭主婦還可以藉由智能冰箱上的螢幕查詢食譜，食材不足時，還可以直接在食譜上訂購食材，以台灣本島而言，最快當天、最晚隔天就能夠宅配到府。

　　想想看，如果你是電商業者，一定很想知道家庭主婦的智能冰箱購物偏好吧？舉凡她們的年紀、居住地區、點了什麼、看了什麼，通通都被網羅在指尖流量分析的報表裡。除了智能冰箱，洗衣機也是生活中常見的居家設備，以目前最新型的智能洗衣機來說，你可以透過遠端遙控方式操作，就算不在家也能夠透過手機APP完成洗衣服的動作。有些智能洗衣機上還嵌入了行動作業系統，不但方便使用者操作，也再次為指尖流量分析開啟光明的未來。例如說，你可以從中得知使用者對於洗衣機的操作行為、洗衣用水量、用電量、洗衣精使用量的偏好等等。

　　以上這些指尖數據對業者而言極具參考價值，無論是將所獲得的指尖數據應用在商業方面，或是應用在使用者介面設計的反饋上（例如得知哪些功能按鍵是多餘的）。從今天起，你

不再需要耗費龐大人力、物力，在街頭實施問卷調查或電話訪查，趕緊嵌入指尖流量分析工具，來取得最貼近實際使用情況的第一手指尖大數據！

智慧車載裝置：小空間暗藏大數據

　　無論你是自己開車或是搭順風車，你一定對駕駛座的「科技凌亂」留下深刻印象。人們通常會在車內加裝許多車載裝置，可能是安全考量，也可能只是為了順應科技潮流。有些人覺得，把錯綜複雜的道路記憶在腦海中是一件苦差事，於是就加裝了 GPS 導航系統，從此不用再擔心迷路。有些人覺得，沒注意到測速照相就會讓自己的荷包大失血，於是就加裝了測速照相雷達偵測器，以減少被拍照的風險。更有些人覺得，發生行車糾紛是一件非常麻煩且危險的事，因為無法得知誰對誰錯而吵得不可開交、甚至大打出手，於是就加裝了行車記錄器，清楚拍下意外的瞬間，成為一目了然的證據。上述都是屬於車載裝置發展的初期階段應用，想要什麼樣的功能就得自行加裝，就像是金字塔一樣，從基礎功能層層向上堆疊。

　　到了中期階段，有些功能漸漸成為汽車基本配備，也已經

有部分車款將上述功能加以整合，以實體按鍵式的操作搭配螢幕嵌入至儀表板中，例如MP3音樂播放、車輛故障自我檢測、胎壓偵測等等。直到近期，物聯網時代的人機互動需求大增，再加上指尖熱浪襲來，實體按鍵式的操作漸漸被淘汰，取而代之的是智慧型車載裝置，駕駛只需透過指尖在觸控螢幕上點擊或滑動，即可進行上述所提到的各種行車功能操作，操作的簡易程度，與使用智慧型手機或平板電腦幾乎沒什麼兩樣。

　　智慧型車載裝置所內建的作業系統，略可分為三大類：由Google陣營所領導的Android Auto、蘋果公司所推出的CarPlay、以及百度所開發的CarLife。無論是哪家業者所發展的車載裝置作業系統，他們肯定都一個陰謀：推廣自家產品，當你使用成癮後再趁機推銷衍生商品或服務。不過車載裝置作業系統百家爭鳴的情況，絕對與多數APP經營者沒有太多關聯性，這就好比有時你會看見某家公司同步推出適用於iOS與Andorid兩大系統的APP一樣。

　　既然使用哪一種車載系統不是重點，那麼什麼才是重點呢？當然還是要回到駕駛的「指尖數據蒐集與掌握」上。如果你是加油站業者，你是否會想得知上班族每天上下班的路線呢？如果你是駕駛人，是否會希望在汽油即將耗盡前，得知到

哪個加油站補給的距離最短且優惠最多呢？又如果你是飲食APP業者，是否能夠在塞車的下班時段，說服駕駛人先填飽肚子再開車上路呢？受惠於行動網路日漸普及，智慧型車載裝置勢必具有連網及藍芽功能，不再只是一個單純的行車資訊顯示裝置。

在行車安全與法律規範可以兼顧的情況下，每逢塞車高峰時段，車潮擁擠，無聊的駕駛人或乘客就可以利用這段時間，透過智慧型車載裝置進行娛樂，例如觀看直播球賽、查詢電影、瀏覽 Facebook、或搜尋附近熱門餐廳，不再只是以無奈的心情空等，而是一連串的指尖商機！在過去，經營 APP 可能只會以手機或平板電腦使用情境做為設計考量，現在還多了車載裝置使用情境，你是否已經嗅得指尖機會了呢？

航空運輸：消失的紙本機票

相較於過去，近年來國人多半會在連假時出國旅遊，然而，在搭機流程上卻有著相當大的改變。以機票來說，從最早期的複聯打印式紙本機票、到熱轉印式單張紙本機票、進化到現在的電子機票。在紙本機票年代，相信大家都會小心保管，

深怕一有個什麼閃失，出國度假的計畫就泡湯了！時至今日，我們再也不用提心吊膽的保管機票，因為電子機票早就已經儲存在大家的行動裝置裡了。

把場景切換到機場，在過去，出國的旅客在搭機報到時總是得經歷大排長龍的煎熬，好不容易長途跋涉來到機場，卻還要拚老命排隊報到，真是情何以堪！所幸，自從觸控裝置普及後，現在世界各地的機場幾乎都可以看到自助登機服務的蹤影。只要將護照放置到掃描區，機器就能識別旅客是否已經購買機票，並且詢問一些與搭機有關的資訊（如選位、點餐等），當旅客按照指示操作完畢，登機證就能立刻到手。這樣是不是比人工辦理登機報到手續還要方便許多呢？想當然耳，航空公司除了希望提升服務品質外，更期盼能藉由提供自助登機服務來捕捉旅客的指尖數據。為什麼這麼說呢？

比起其他指尖應用案例，自助登機服務在旅客掃描護照的同時，能夠取得更為具體的指尖數據，包括姓名、性別、國籍、年齡等，因此把這些真實且寶貴的人口統計變數連結到旅客的指尖行為後，產出的行銷意涵往往超乎你我想像。例如，航空公司可依據旅客過去的選位偏好來推薦具有價格吸引力的座位，甚至還可以在考慮到他們的姓名、性別、國籍、年齡、

宗教、民俗、口味等偏好後，提供客製化餐點。當航空公司得知旅客的搭機日剛好也是生日時，在機上給個生日祝福驚喜，也是增加顧客滿意度與忠誠度的好方法。其他能夠在指尖商機上著墨的想法還很多，就要靠你來發揮想像與創意了！

健康照護：自己的健康自己顧

在歐美，許多國家由於幅員廣大，就醫對他們的國民來說，是一件極為不便的麻煩事。偶發性小感冒或小症狀倒是還好，但如果是慢性病患者，就得要定期奔波醫院了！一家新創公司 MobioSense 設計出一款 Hero 血液檢測儀，專門用來解決國外求診不便的窘境。在過去，慢性病或需要進行血液檢測的患者，必須大老遠驅車至醫院，但現在只需要用一滴血，不出半小時就能把檢測結果傳輸到手機 APP 裡，而身處在遠端的醫生，也能即時針對患者的血液狀況做出判斷與建議。

就時間成本而言，民眾不需要經常大老遠跑去醫院檢查，此外，檢測儀的檢測報告結果是即時的，病患也不需要再額外花費時間，待在醫院裡枯等檢查報告出爐。就金錢成本而言，減少出入醫院的次數，也能為病患省下大筆的費用。Hero 檢測

儀主要是藉由測定血液中特定蛋白質電極的改變來判斷身體的狀況，檢測後將結果呈現在搭配的觸控式介面上，假如數值顯示正常，就能減少患者的就診次數，假如數值出現不尋常的狀況，醫生也能夠藉由這些蒐集下來的數據，瞭解病人的身體情況，並透過遠端看診的方式來為患者解釋病情。

　　這種遠端檢測與看診的概念雖然在台灣尚未落實，即便如此，你也可以預先觀察隱藏在其中的指尖商機。試想，倘若藥局與此檢測儀業者合作，是否就能夠在捕捉到患者的指尖數據後，提供對方所需藥品或保健食品的推銷訊息呢？再者，整個大中華地區目前正處於人口老化的社會結構，如果你打算涉入老人長照產業，是否就能透過上述概念來拓展業務範圍與觸角呢？舉凡推薦醫療保健器材、健康食品、看護等等，都是你掌握指尖數據後的福利！

　　別以為只有人類適用這個概念，由於這是一台血液檢測機，從合理的角度來看，只要身體流有血液的生物都能適用，唯一的困難點在於，這台檢測儀是否能判斷非人類的血液。所幸，這方面MobioSense已經替我們設想好了。寵物是人類的好夥伴，透過Hero檢測儀協助，可以輕鬆得知毛小孩的生理狀況。此時，如果你是動物醫院或寵物用品店，是否可以趕緊為

不同寵物的身體狀況推薦合適的醫療方式、地點、甚至相關用品呢？

　　除了上述的血液檢測，你是否曾經聽過手機也可以拿來照超音波的案例嗎？這將不再只是個夢想，想像一下，只要將超音波機器探頭接到你的手機上，影像就能顯示在你的手機或平板電腦上。MobiUS 是一項新的技術，不必再去使用壓電單晶體來接收超音波訊號，而是將所有功能彙整到一片小小的電腦晶片。從應用層面來說，這項行動超音波產品可以讓孕婦或家人即時看到胎中嬰兒的狀況，檢查胎兒在母體內的成長情形，例如：是否具有不好的遺傳基因，或是哪裡長了腫瘤。大家一定會覺得好奇，一般使用者沒有醫學常識，要如何判讀超音波攝像成圖呢？別擔心，這套產品提供雲端系統，使用者可以將拍攝結果傳送至醫師端，讓遠端的醫師在線上為你診斷。

　　除了在生孕過程的應用外，超音波還可以拿來急救傷患。現在有了行動超音波技術，其所擁有的「即時性」就是救命的利器，可以即時評估傷患的心臟機能或是哪個部位正在大量出血，精準並迅速的診斷，帶給醫療上莫大的幫助。看完以上基本介紹後，依照慣例來思考一下，其中的指尖商機在哪裡呢？藥局掌握指尖數據的案例就不再贅述了，假設使用者從自己的

拍攝成像裡發現自己有脂肪肝，而你從使用者APP端的上傳圖片掌握到這項情報，是不是就可以提供衛教相關資訊，教育患者應該如何從飲食來防止脂肪肝惡化呢？此時，如果你向患者推薦有機食品，那些低油脂、無農藥的訴求，肯定會大受好評。沒錯，這些設備只是指尖數據蒐集的媒介，指尖大數據分析才是真正的重頭好戲！

教育學習：走進未來翻轉教室

　　談到教育這塊，當老師的人最擔心學生的學習成效不佳，或是班上學生程度出現斷層，往往強者愈強，弱者愈弱。這種學習落差如果置之不理，長期下來容易導致斷層擴大，讓學習成效較低落的學生失去學習的自信，甚至讓他們對未來產生恐懼，最後放棄學習。因此，教育工作者扮演著重要的誘導角色，身為教師的你，也必須掌握每個學生的學習進度，以便及早發掘問題所在。看到這裡，你或許會懷疑，教育跟指尖應用到底有什麼關係？這關係可大著呢！

　　指尖熱潮讓老師不必再使用粉筆寫字，細微的粉筆灰粒傷人又害己，也不必再使用白板筆寫字，化學藥劑嗆鼻的味道

實在讓人無法忍受。受惠於觸控型裝置日漸普及，使用智慧型電子白板教學的老師愈來愈多，他們可以直接透過指尖觸擊操作，自由縮放教學內容，甚至能夠360度旋轉板面，增添學習的樂趣，讓課堂上的氣氛不再那麼枯燥乏味，藉此增加學生與老師彼此間的互動。

隨著時代進步，現在的學生非常幸運，一出生就開始接觸平版電腦、手機等智慧型觸控裝置。樂高、積木對他們來說早就成為古董級玩物，「滑」世代的來臨，讓學齡兒童上下學不再背著又大又重的書包，參考書、講義、考卷也可能會成為歷史文物。取而代之的是一台應有盡有的輕薄平板電腦，學生可以從APP上獲得任何教材，而老師則可以從平台後端彙整學生的學習紀錄，既科技又環保。知名大廠三星在近年推出Smart School智慧教室計畫，截至2014年為止，已經在全球72個國家，796所學校推行翻轉教室的概念。這樣的互動場景，是不是讓我們對下一代的未來更具信心呢？

除了教室外，比教室更大的學習場域也是應用的重點。在大型展覽館或觀光教育園區內，不時可以看到觸控式導覽系統的身影，大型觸控看板是提供學習者查詢資料的媒介，讓學習者不單只有視覺上的學習，還可以透過多媒體影音的方式進行

深度學習，此舉不但增加了學習的趣味性，更提升了學習的成效。舉例來說，美國費城藝術博物館推出藝術品導覽自助服務機，參觀人士只需要在觸控螢幕上輕觸或點擊，藝術創作品的歷史典故、作家簡介等資訊就能一覽無遺，這比過去在創作品旁所釘的介紹看板，是否先進許多呢？

上述應用情境對於指尖數據蒐集的意義為何呢？以教室情境來說，教材開發商藉由指尖行為的分析，可以知道哪些教材元素較受學習者青睞、哪些學習者的個人特質，應該搭配那些教材才能提升學習成效等等。至於在博物館情境方面，在學習者操作觸控型導覽系統過程中，能夠透過指尖流量蒐集工具將指尖行為記錄下來，藉此得知學習者對於不同主題的愛好程度。例如，來到藥用植物園區，藉由資料管理人員背後所蒐集的指尖數據，可以得知參觀者對於哪種植物較具好奇心，甚至掌握他們對哪些特定植物的功效、分布、或使用時機等項目較感興趣。別忘了，教育訊息傳播是學習成效提升的必要條件，而學習成效要好，有某部分可是必須仰賴教育工作者對學習者的指尖行為掌握呢！

休閒娛樂：自拍貼圖不求人

　　遊戲想必是行動世代下，最常在手機或平板電腦裡展現蹤跡的APP。過去，大家藉由桌機來參與「天堂」的攻城戰，或是透過區域網路來享受「毀滅戰士」連線對打的快感。時至今日，玩遊戲早就已經突破有線或區域網路的藩籬，只要身上攜有無線連網行動裝置，APP商店裡的遊戲種類應有盡有，想玩什麼就下載什麼！

　　就在遊戲業者紛紛跨入或轉型到行動娛樂領域之際，許多與營收衰退有關的消息陸續被報導出來，其中不乏大型遊戲業者發生財務危機，最後只能黯然退出市場的新聞。遊戲APP與其他型態的APP相似，在上架初期必須吸引一定數量的玩家、誘導他們下載，其後才有可能發生所謂的借力使力、口耳相傳之效。但很遺憾，玩家永遠是現實的，哪裡的遊戲新鮮有趣，他們就往哪裡去。如果你所經營的遊戲APP讓玩家感到無趣，或是被玩膩了，那再怎麼穩健的「APP下載後行銷作為」，恐怕也只是亡羊補牢。

　　還記得在第1章所提到的MIDF思維嗎？微需求滿足有很大一部分是立基在差異化之上，換句話說，是否讓玩家覺得

「新鮮玩不膩」，只能視為是微需求滿足的一部分，而另一部分缺口則必須仰賴「有別於競爭者」的創意來填補。以啟雲科技所推出的APP「3D拍拍」為例，該業者推出全球首創3D自拍APP，除了能夠自動做出客製化3D公仔、新增配樂、自製字幕以及分享給LINE友之外，甚至還可以針對任意相片進行拍攝，進而製作出夢寐以求的女友或明星公仔。這些功能不但充分滿足玩家對於新鮮感的訴求，更從眾多娛樂性質APP中脫穎而出。

　　「3D拍拍」上架後受到廣大玩家好評，迅速在各大APP應用程式平台的下載排行榜上竄升。該業者再接再厲，於2016年9月底再次推出極具市場差異化、且能滿足玩家自拍與通訊需求的「3D貼貼」。有別於市場上眾多通訊軟體提供的預設貼圖或付費購買貼圖，透過先進的3D運算引擎，玩家能以智慧型手機鏡頭直接拍攝個人獨有的動態貼圖。這種創意是否更能夠吸引玩家下載，並發揮口耳相傳的滾雪球效用呢？答案絕對是肯定的！無論是「3D拍拍」或是「3D貼貼」，兩者都兼顧了玩家的微需求與競爭市場差異化。試想，當我們充分掌握這兩項優勢後，指尖商機是什麼呢？

　　從掌握玩家微需求來說，業者可以透過前述章節的各項流

量分析功能，找出 ABC 指尖行為模式的各環節重點，更具體而言，業者可以得知究竟是哪一種服裝、頭髮、顏色、打扮等，較受玩家青睞進而推出相關衍生性商品，如付費購買符合玩家喜好的公仔衣著或穿戴配飾。至於在掌握競爭市場差異化方面，業者或許可與其他業者合作，藉由寶貴的指尖數據蒐集，來推敲玩家的衍生偏好，例如總是點選運動風格公仔的玩家，在現實生活中很有可能就是喜歡運動的人，而此類型玩家勢必受到運動品牌業者歡迎。

身為 APP 經營者的你，不妨透過 APP 廣告來落實「精準投放」、「確實點擊」與「立即轉換」的終極目標，此舉不但可以滿足獲利，也可以間接促成指尖大數據蒐集的價值。另一方面，如果你想要在下載階段節省更多玩家延攬成本，也許可以跟行動裝置硬體製造商合作，試著在出貨前就把 APP 預載在裝置裡，一來省去許多廣告心力，二來也能夠以互惠方式來達成軟硬整合、甚至是虛實整合的目標。

畢竟在競爭如此激烈的 APP 市場中，要獲得使用者青睞並受到長期使用，是何等高難度的挑戰！如果你對各種使用者的延攬方式（如網路廣告、電視廣告、多媒體廣告）感到力不從心，不妨設法搶進裝置出廠預載的贏者圈，如此將能夠立足在

較佳的起跑點，而行動裝置硬體製造商也能夠重新擁抱硬體，
雙方最終都能擁有絕佳機會，以掌握後續的指尖數據。當然，
要達成這些目標還是得先見賢思齊，趕緊打開你的行動裝置，
下載上述APP嘗鮮一下，體會「新鮮玩不膩」與「有別於競爭
者」這兩大亮點，也順便拓展自己的指尖分析思路吧！

結　語

　　在網站環境中使用Google Analytics的人應該已經察覺到，行動裝置的流量逐漸、甚至超越桌上型電腦，這個史上最大的黃金交叉盛事，在2016年起開始發酵。過去你或許經常懊悔：「為什麼自己的想法總是落後競爭對手？」「為什麼自己的創新應用思維總是得仿效他人？」但從現在起，趕緊加入指尖大數據的分析行列，一切都還不算太晚。

　　從過去的網際網路泡沫化，到近期的行動商務起死回生，指尖商機除了是網站經營型態的延伸，其所帶來的經濟動能，是否早就超乎我們的預期？如果你發現自己回到家中愈來愈少打開桌上型電腦，或是發現周遭年紀稍長的朋友不會使用電腦，卻能輕鬆使用智慧型手機，就請不要再懷疑指尖熱潮在食、衣、住、行、育、樂等各層面所帶來的影響。

　　本書以坊間最多人採用的流量分析工具Mobile Google Analytics做為指尖案例說明的主體，期盼各行各業有志參與指尖大數據分析的人，都能以最低成本、最高效率的方式，體會指尖行為分析的重要性與未來潛力。

　　台灣有句俗諺說：「五隻手指頭伸出來不等長。」諭示我們看待天地萬物，都必須秉持差異化的觀點。你是否已經透過適當工具，來掌握不同APP使用者所展現出來的差異化指尖行為呢？如果你處於落後態勢，也請別氣餒，趕緊掌握任何發生在你APP上的指尖行為吧！

　　切記，APP充其量只是服務使用者的媒介，想要永續生存，仍必須仰賴正確且足以洞察機先的指尖數據分析，否則很可能會淪為人云亦云，用盲從的方式在APP開發上投注大筆資金，到頭來卻還是以失敗收場。

　　提醒讀者，雖然Mobile GA的功能強大，而且還是免費提供給APP經營者使用，但由於更新速度出奇快速，甚至快到讓人無所適從，因此本書已經盡可能以最新內容呈現，日後如果發現報表現況與書中描述有所出入時，還請廣大讀者海量包容。除此之外，我們必須再次強調，流量報表解讀並沒有所謂的對與錯，書中內容陳述僅是作者個人的主觀經驗，日後如果

有人對使用各種流量分析工具有所疑問，歡迎來信討論。預祝你的指尖大數據分析順利、成功！

taican.ccy@gmail.com **鄭江宇**

hanping311111@gmail.com **曾瀚平**

誌　謝

　　自從鑽研流量分析工具以來已有5個年頭，不論是在校內或是校外授課，總是會看見學員或相關業者，對於如何正確操作流量分析工具感到力不從心，特別是在流量報表解讀方面，因此立志出版此著作，期盼藉由己身棉薄之力來滿足廣大讀者在流量分析實務上的需求。

　　2016年適逢指尖流量黃金交叉年，對於能夠生在行動裝置滿天下的年代感到極為榮幸，也期盼能藉由此著作來向更多讀者請益、互動，一同參與百年難得一見的指尖盛世！首先，我要感謝諸多讀者所給與的支持與指教，你們寶貴的意見讓此書更加嚴謹。同時，我也要感謝校內各級長官所給與的鼓勵，使後學能夠有發揮的場域、精益求精。

　　此外，此書能夠順利出版必須感謝鴻海／富士康科技集團

總裁郭台銘先生。感謝郭總裁對此書的大力支持，有了您的推薦，讓本書增添許多信服力，更要感謝您的協助，讓我們一行人得以順利參與2016年貴陽大數據博覽會，會議中的所學所見，帶給本書許多撰寫的靈感與啟發。

最後，我要感謝我的家人，謝謝你們一直以來的包容，讓我可以無後顧之憂的完成此書。千言萬語也難以表達我對眾人的感謝之情，請容我用一句座右銘來勉勵自己並回報大家：自身本志不可失，學有所成饋眾恩，教學相長無先後，重現人間溫馨情！

鄭江宇
謹誌於東吳大學巨量資料管理學院

長達一年多的撰寫工作終於圓滿劃下句點，每每想到能夠為指尖數據分析盡一份心力，就覺得一切努力都是值得的！完成這項當初認為不可能的任務，「年輕」這兩個字不該是我們這一代年輕人的絆腳石，反而應當是我們的墊腳石，時時刻刻用來砥礪自己善用靈活思考與充沛精力。

能夠順利完成本書，首先我要感謝東吳大學巨量資料管理學院的師長，能夠成為全國首創系所的一份子，共同參與大

數據盛事，實在是倍感榮幸。同時我要感謝另一位作者鄭江宇教授的提攜與包容，給與我擔任科技部專題計畫研究助理的機會。感謝鄭教授不嫌棄，引領我這懵懂無知的小毛頭一同完成這本書，甚至帶領我參與各項產學合作、大數據會議及相關座談會等。也感謝您讓我認識台東長濱這塊福地，在撰書過程中能夠遠眺一望無際的大海，吹著海風，帶給我許多寫作靈感。所謂「一日為師，終生為父」，學子所學甚多，如沐春風！

　　再者，我要感謝身邊所有支持我的同學與朋友，有你們相挺，真好！當然也要感謝真如苑，給與我日常生活中許多開示與頓悟，讓我在撰書困境中能夠突破重圍，成為我心中的避風港。我更要感謝我的家人，這段時間由於專注於寫作，許多時候無法出席家庭聚會、或是坐下來好好跟您們聊天，即便如此，您們仍然給與我最多的支持與鼓勵，讓我滿載正能量繼續向前邁進。最後以「信、行、解」這三個字與大家共勉：相信自己、坐言起行、迎刃而解。

曾瀚平

謹誌於東吳大學巨量資料管理學院

閱讀筆記

財經企管 BCB594

指尖下的大數據
運用 Google Analytics
發掘行動裝置裡的無限商機

國家圖書館出版品預行編目(CIP)資料

指尖下的大數據：運用Google Analytics發掘行動
裝置裡的無限商機 / 鄭江宇, 曾瀚平著. -- 第一版. --
臺北市：遠見天下文化, 2016.12
　　面；　公分. -- (財經企管；BCB594)
ISBN 978-986-479-131-6(平裝)

1.企業管理 2.資料探勘 3.商業資料處理

494　　　　　　　　　　　　　　105023738

作者 ── 鄭江宇、曾瀚平
事業群發行人／CEO／總編輯 ── 王力行
資深行政副總編輯 ── 吳佩穎
書系主編 ── 邱慧菁
責任編輯 ── 楊逸竹
封面設計 ── 三人制創
內頁插畫 ── 放藝術工作室

出版者 ── 遠見天下文化出版股份有限公司
創辦人 ── 高希均、王力行
遠見・天下文化・事業群　董事長 ── 高希均
事業群發行人／CEO ── 王力行
天下文化社長／總經理 ── 林天來
國際事務開發部兼版權中心總監 ── 潘欣
法律顧問 ── 理律法律事務所陳長文律師
著作權顧問 ── 魏啟翔律師
社址 ── 台北市 104 松江路 93 巷 1 號
讀者服務專線 ── 02-2662-0012
傳　真 ── 02-2662-0007；2662-0009
電子信箱 ── cwpc@cwgv.com.tw
直接郵撥帳號 ── 1326703-6 號　遠見天下文化出版股份有限公司

電腦排版／製版廠 ── 立全電腦印前排版有限公司
印刷廠 ── 盈昌印刷有限公司
裝訂廠 ── 中原造像股份有限公司
登記證 ── 局版台業字第 2517 號
總經銷 ── 大和書報圖書股份有限公司｜電話 ── 02-8990-2588
出版日期 ── 2016 年 12 月 27 日第一版
　　　　　　2018 年 10 月 5 日第一版第 8 次印行

定價 ── NT$350
ISBN ── 978-986-479-131-6
書號 ── BCB594
天下文化官網 ── bookzone.cwgv.com.tw

Google
Analytics

歡迎加入
《指尖下的大數據》FB粉絲專頁
facebook.com/fingerubiquity

請上天下文化官網
bookzone.cwgv.com.tw

全國首創・最大閱讀社群
天下遠見讀書俱樂部

facebook 天下文化 Bookzone

第一本聚焦行動流量分析的著作
第一本結合各行各業的指尖商機論述

Google
Analytics

大數據幫助我們觀察人類行為，為我們帶來精闢的商業洞見，這早已不是什麼新鮮事。

你可能不知道的是，自2007年第一代iPhone面市以來，全球行動裝置的流量已經逐漸超越桌機，出現所謂的「黃金交叉」，全面影響你我在食衣住行育樂各方面的選擇與行為表現。

本書探討的指尖大數據，四大特性為數量龐大、產生速度快、多樣性，以及準確性高。能掌握這股指尖風潮，精確擷取、分析、解讀資料的人，才能洞察市場先機，成為行業中的領頭羊。

談商業經營，創造持續性的成功，祕訣無他，唯有抓住顧客的心。本書對於經營APP平台的實戰與心法層面，有詳盡而獨到的見解，切合鴻海科技集團近年來積極面向轉型的大戰略。書中更針對未來的行動流量分析，為智能生活範疇的行動流量分析場景進行演繹，十分精采。

郭台銘，鴻海／富士康科技集團總裁

好消息是，這項廣受《財星》500大企業使用的工具，還是免費的！
趕緊加入指尖大數據的分析行列，發掘行動裝置裡的無限商機。

本書由東吳大學巨量資料管理學院助理教授鄭江宇與科技部專題計畫研究助理曾瀚平共同執筆，以全球最多人採用的流量分析工具Mobile Google Analytics做為案例說明主體，融合大量台灣APP使用案例，是國內第一本獲得鴻海／富士康科技集團總裁郭台銘推薦的指尖數據分析著作。

在這個人手一支智慧型手機的時代，指尖數據分析是物聯網、雲端運算等數位應用的基礎。無論你是行銷人員、業務主管、網路小編、金融人員、創業家、分析師，或是APP經營者、產品經理人、數據科學家、工程師、資訊系學生，只要懂得善用GA工具，就能透過「指尖運動」從大數據中淘金。

天下文化 遠見雜誌

ISBN 978-986-479-131-6
BCB594 NT350元